基金项目：华北水利水电大学高层次人才科研启动项目成果

现代化视域下
生态文明建设路径研究

◎尚群昌 / 著

中国水利水电出版社
www.waterpub.com.cn

·北京·

内 容 提 要

本书从世界现代化进程中生态危机的衍生这一视角切入,按照从一般到具体的逻辑展开,针对中国的生态环境问题的现状,重点论述了生态文明建设理论构建、目标指向、思想基础、体系建设、实践形式等问题,从理论与实践相结合的角度全面系统地阐释了习近平总书记关于生态文明建设重要论述以及当代中国生态文明建设的实践路径,为切实推进我国生态文明建设提供思想动力和实践导向。

本书可供经济科学和环境科学专业教师、研究生、高年级本科生的学习研究参考书,还可作为党政机关公务人员以及对生态文明建设与区域经济发展感兴趣的社会公众参考。

图书在版编目(CIP)数据

现代化视域下生态文明建设路径研究 / 尚群昌著
. -- 北京 : 中国水利水电出版社,2018.6
ISBN 978-7-5170-6468-8

Ⅰ. ①现… Ⅱ. ①尚… Ⅲ. ①生态环境建设-研究-中国 Ⅳ. ①X321.2

中国版本图书馆CIP数据核字(2018)第101622号

责任编辑:陈 洁　　封面设计:王 伟

书　　名	现代化视域下生态文明建设路径研究 XIANDAIHUA SHIYU XIA SHENGTAI WENMING JIANSHE LUJING YANJIU
作　　者	尚群昌　著
出版发行	中国水利水电出版社 (北京市海淀区玉渊潭南路1号D座　100038) 网址:www. waterpub. com. cn E-mail:mchannel@263. net(万水) 　　　　sales@ waterpub. com. cn 电话:(010)68367658(营销中心)、82562819(万水)
经　　售	全国各地新华书店和相关出版物销售网点
排　　版	北京万水电子信息有限公司
印　　刷	三河市同力彩印有限公司
规　　格	170mm×240mm　16开本　14.5印张　203千字
版　　次	2018年6月第1版　2018年6月第1次印刷
印　　数	0001-2000册
定　　价	58.00元

前　言

　　21世纪是实现中华民族伟大复兴的中国梦的世纪。在中国共产党建立100年时,我们将实现全面建成小康社会的目标;到中华人民共和国建立100年时,我们将把伟大的祖国建设成为富强、民主、文明、和谐的社会主义现代化国家,进而实现中华民族的伟大复兴。习近平主席强调:"实现中国梦必须走中国道路。中华民族是具有非凡创造力的民族,我们创造了伟大的中华文明,我们也能够继续拓展和走好适合中国国情的发展道路。"在实现中国梦的道路上,生态文明建设是我们奋斗目标的重要内容,而生态文化作为中华文化的重要组成部分,将得以广泛传承发展,从而成为民族凝聚力、向心力、创造力的重要源泉,成为中华民族伟大复兴不可缺少的重要基础和强大驱动力。

　　21世纪是走向生态文明的世纪,保护地球家园、维护世界和平、促进共同发展,推动建立公平正义、平等互惠的国际政治经济新秩序,走生态文明的可持续发展道路,已经成为世界各国人民的共同愿望。

　　在当代中国,如果挑选关注度、认可度、美誉度最高的字眼,毫无疑问,"生态文明"一词当在其中。清新的空气、清澈的水、清洁的环境,越来越珍贵;把生态文明建设融入经济建设、政治建设、文化建设、社会建设的各方面和全过程,越来越紧迫;携手应对全球气候变化,实现绿色发展、循环发展、低碳发展,越来越成为潮流。面对这样的时代背景和历史阶段,习近平同志展现了超前的战略眼光和务实的工作作风,那就是将生态文明建设提升到一个前所未有的高度,并为之不懈奋斗。

　　"生态兴则文明兴,生态衰则文明衰""既要金山银山,也要绿水青山,绿水青山就是金山银山""保护生态环境就是保护生产力,改善生态环境就是发展生产力""像保护眼睛一样保护生态环境,像对待生命一样对待生态环境""让城市融入大自然,让居民望得见山、看得见水、记得住乡愁"……习近平同志这些通俗、鲜活,又充满哲理和睿智的话语,已然成为深受当代中国人喜爱的名言警句。

　　本书立意新颖，视野开阔，资料翔实，注重学科交叉又不失专业性，为生态、经济、社会的可持续发展，为各地的物质文明和精神文明建设，为实现人与社会的全面发展提供了一种新的理论依据和技术体系，具有重要的理论意义和运用价值。当然，在社会转型时期，中国的生态文明建设是一个相当复杂的课题，涉及经济、社会、自然、外交等方方面面，本书的研究还只能说是初步的探索，一些短期热点问题可能会很快变化，而一些中长期热点问题则可能具有相对稳定性，需要不断跟踪、积累资料和完善研究方法。

作　者

2018 年 1 月

目　录

前言

第一章　生态文明的内涵诠释 ················· 1
　第一节　生态文明与生态文明建设 ············· 1
　第二节　人类文明的新境界 ················· 24
　第三节　生态文明建设中价值追求的回归 ········· 30

第二章　生态文明与现代化 ················· 38
　第一节　生态现代化理论阐述 ··············· 38
　第二节　现代化进程中生态危机的衍生 ·········· 44
　第三节　生态现代化的全球"实践" ············ 50

第三章　中国生态文明建设的理论资源 ·········· 53
　第一节　马克思主义经典作家的生态思想 ········· 53
　第二节　生态学马克思主义的生态文明思想 ········ 58
　第三节　中国传统生态文化的现代阐释 ·········· 65

第四章　现代化视域下生态文明的转型 ·········· 67
　第一节　现代化视域下中国发展转型的重大战略 ····· 67
　第二节　低碳经济——工业生态化的发展路径 ······ 81
　第三节　生态农业——农业生态化的重要途径 ······ 88
　第四节　绿色科技——科技生态化的实现路径 ······ 89

第五章　构建人与自然和谐相伴的生态文化 ········ 91
　第一节　生态文化与社会和谐 ··············· 91
　第二节　生态文明时代的主流文化 ············ 104
　第三节　现代生态文化建设 ················ 115

第六章　生态文明与中国特色生态现代化 ·················· 123

　　第一节　中国特色社会主义生态文明实践形式 ·············· 123

　　第二节　推进"生态文明"建设与构筑"美丽中国梦" ·········· 194

　　第三节　现代化视域下生态文明实现的基础条件 ·············· 209

　　第四节　中国特色生态现代化:我国社会主义生态文明建设的

　　　　　　现实路径 ······································ 214

参考文献 ·· 219

第一章　生态文明的内涵诠释

生态文明与生态文明建设有其特定的发展背景，体现了人与自然和谐发展的哲学理念。

第一节　生态文明与生态文明建设

文明是生态文明的上位概念。通过分析"文明"一词的内涵，推导和界定生态文明，是符合逻辑的常规思路。国内学者对于文明的理解可以概括为"历史阶段""积极成果""族群价值体系"和"进步标准"四个方面。"生态文明"中的"文明"与族群无涉，而是首先指向以"生态理性"为价值核心的"进步标准"，其次才能达至"积极成果"和"历史阶段"层面的"生态文明"。

一、生态文明的内涵

（一）"文明"的概念溯源

究竟什么是文明呢？

《现代汉语词典》给出了 3 个释义：

（1）文化；

（2）社会发展到较高阶段和具有较高文化的；

（3）旧时指有西方现代色彩的（风俗、习惯、事物）。

网上词典"汉典"以及"维基词典"引证的"文明"释义多达 9 种：

（1）文采光明，如《易传·乾·文言》："见龙在田，天下文明"；

（2）文采，与"质朴"相对，如《苏氏演义》卷下："谓奏劾尚质直，故用布，非奏劾日尚文明，故用缯"；

（3）文德辉耀，如《宋书·律历志上》："情深而文明，气盛而化神"；

（4）文治教化，如《呈范景仁》诗："朝家文明所及远，于今台阁尤蝉联"；

（5）文教昌明，如《琵琶记·高堂称寿》："抱经济之奇才，当文明之盛世"；

（6）犹明察，如《易·明夷》："内文明而外柔顺"；

（7）社会发展水平较高、有文化的状态，如《闲情偶寄·词曲下·格局》："求辟草昧而致文明，不可得矣"；

（8）新的，现代的，如《老残游记》第一回："这等人……只是用几句文明的词头骗几个钱用用罢了"；

（9）合于人道，如《福建光复记》："所有俘虏，我军仍以文明对待"。

显然，近现代汉语中的"文明"与我国古代典籍中的"文明"有很大的不同。据学者考证，现代汉语中的文明含义实则是西学东渐的结果，受西方文明思想影响，国内对于文明的理解开始由古代的文治、教化逐渐指向社会的发展和进步。

国内学者对文明的界定主要有如下三种观点：

一是积极成果说，如虞崇胜的《政治文明论》中指出，文明是"人类社会生活的进步状态"，"从静态的角度看，文明是人类社会创造的一切进步成果；从动态的角度看，文明是人类社会不断进化发展的过程"；

二是进步程度说，如万斌的《论社会主义文明》中提出，文明是"人类自身进化的内容和尺度"，"它表明人类认识和理解自然规律、社会规律的成就以及通过政治、经济、文化、艺术等社会生活形式对这种成就的认识和应用的程度"；

三是价值体系说，如阮伟的《文明的表现：对5000年人类文明的评估》认为，"文明一词不仅可以指一种特定的生活方式及相应的价值体系，也可以指认同于该生活方式和价值体系的人类共同体"。对于西方的文明观，杨海蛟等总结认为也有三种代表性的观点："进步状态说""要素构成说"和"文明文化一体说"。但从举例看，各类观点所述文明之属性和特征并不显著，例如，所分之"进步状态说"中既有进步说，又有成果说；所谓的"要素构成说"和国内的"价值体系说"也颇有雷同之处。他们认为马克思主义文明观主要强调文明的实践性、历史性和发展性。

贺培育的《制度学：走向文明与理性的必然审视》也分三个方面概括了文明的基本内涵：

第一是作为时间界限的"文明"，即按照摩尔根在《古代社会》中的分法，人类从低到高的阶段发展依次为蒙昧、野蛮和文明三个时期，总共约 10 万年，其中蒙昧时期约 6 万年，野蛮时期约合 3 5000年，而文明时代只有 5000 年时间；

第二是作为总体状况的"文明"，是指人类注重创造物质财富、精神财富的过程及结果，这意味着人类社会一定区域范围内影响总体的进程；

第三是作为进步状态的"文明"，标志着人类社会物质、精神生活不断发展进步的状态，在此意义上，与"合理""进步""合乎人性""合乎历史发展趋势"等语义基本相通。这三者中需要重点区别的是"作为总体状况的文明"与"作为进步状况的文明"。

笔者认为贺培育和杨海蛟等人的观点大致相同，一些不同处恰可以互相补充，也即在社会科学领域，文明常用的内涵应该有四个：

一是表征历史阶段、带有时间界限意义的"文明"，例如与蒙昧、野蛮相对应的"文明时代"；

二是表征人类改造自然和改造社会的积极成果的"文明"，例如"物质文明""精神文明""制度文明"；

三是表征特定区域内人的共同体总的发展状况的"文明"，这种文明代表人类的特定族群经由长期共同生活所形成的价值体系及其自身，可以分解为一定的构成要素，在表达上不严格区分则与"文化"更近似，例如"中华文明""玛雅文明"等；

四是表征进步性、具有价值判断意蕴的"文明"，类似"合理"

"进步""礼貌"的含义和用法，例如，"举止文明""言语文明"等。

（二）生态文明

"生态"和"文明"共同构成了生态文明的合成性概念。在远古希腊语中，"生态"一词最早出现，起初是房屋和住所的含义。德国生物学家海克尔认为生态不仅是生物与生物之间，而且也是生物与所处环境之间的相互关系和存在状态。这是海克尔在 1866 年第一次将"生态"作为一个生物学名词的论述。

在当今世界，生态包括的范围不断延伸，人作为一种主体，也在生态之中。其中包括人和其他生物与环境、生命的个体与完整性之间的相互作用关系。生态系统是生态学研究中的核心概念。英国学者坦斯利在 1935 年认为生态系统就是不同的生物之间以及生物与环境之间，利用能量流动和物质循环这两大功能为媒介而相互作用的一个完整体。这是他提出的"生态系统"概念，同时他还强调一定的空间和时间条件。为了使生态系统能够不断地维持稳定，大量的基础物质就在系统中不断循环。文明是相对于野蛮来说，它象征人类社会的进步。文明是人类改造社会、改造自然和改造自我的过程，并取得精神、物质和制度文明的整体。

广义生态文明和狭义生态文明在含义上不同。广义生态文明强调的是继承、反思甚至超越对工业文明的认识，这种意识是人类文明的更高级的未来前进指向。狭义生态文明强调的是不同因素之间的相互作用与制约，包括政治社会、物质和精神等方面。中国特色社会主义建设离不开生态文明建设，因为它起着基础性和保障性的作用，这也是中国提出的"五位一体"布局中的一项重点内容。当代中国的生态文明，其实就是利用能量流动和物质循环这两大功能为媒介而相互作用，希望使用较少的自然资源达到经济成长的最优化目标，这是人类用最文明的方式去处理人类与自然的关系。转变价值观是非常重要的，要有万物皆平等的价值观。存在即合理，万物都有其价值。在处理人类与自然关系上，自然资源是有限的，应该放弃人类征服自然的想法。改变经济发展的模式，实行集约型的经济发展是生产生活方式的变革。

在国家体制的建设方面，改变现有的不合理体制，重新规划可持续发展的新机制。对于国家法律的建设，莫过于社会层面法律的落实。总体上来说，生态文明管理体制需要政府、党委、企业和公众的共同参与，政府要绿色廉洁，企业要有社会责任感，广大民众要积极参与的一种社会合力，这样才能够实现全面建成小康社会和社会主义的现代化。

二、生态文明的本质与核心价值

将生态文明排除在当下主流的"文明形态"和"文明结构"的理论框架之外，而界定为"文明标准"，其面临的首要问题就是，这一文明标准的实质和价值核心究竟为何？什么才是当下中国乃至世界所追求的生态文明？

对于上述问题的回答首先应当明确，不论在何种意义上解释文明，文明一直与人类的实践紧密相连，自始至终离不开人类主观能动性的客观化，文明的内核也始终与"进步"同义。因此，笔者并不认同因为人与自然的矛盾贯穿人类历史始终，正如对一个手无缚鸡之力的人面对一头猛兽而不得以选择顺从，不能谓之"礼让"一样，面对自然，若不能驾驭、控制或改变而暂时保存原样，并非真正的"生态文明"。又或者，可以将所有人与自然和谐相处的表象称为广义的生态文明，而用狭义的生态文明专指本书所述的真正的"生态文明"。有别于"物质文明""精神文明""制度文明"等文明结构的"积极成果"之说，而本书所述的生态文明的内核是生态意识觉醒之后基于生态理性的行动自觉，包括积极作为和审慎不为。

（一）生态文明的实质是对人的自然本性的回归

任何意义上的文明的源起都出于对人的需求的满足，而人的需求又根植于人的自然本性和社会属性，生态文明也不例外。与其将生态文明的源起定位于对人类可持续发展需要的满足，毋宁定位于对人的自然本性的回归。生态文明所企求的绝不仅仅是满足生存需要的可持续发展，而是真正意义上的人与自然的和谐共处。人们无法接受以生态的全面破坏和人类的毁灭风险作为衡量是否可持续的尺度，也不应容忍以人的生命和健康的牺牲作为评判生态文明与否的标准。生态文明本身应当高于可持续生存和可持续发展的标准。

在中国，不仅以老子为代表的道家的整体主义自然观源远流长，甚至整个中国古典哲学，包括孔孟儒学、宋明理学、佛教哲学等都以"生"为核心观念，都可以谓之"生的哲学"。老子主张"道法自然""道生万物""道通为一""天人合一"，也就是认为人与自然万物不仅是以类相从、共生共存的整体关系，而且有着共同的本原和法则，因此，他倡导人的创造活动应当尊重自然、顺应自然规律，而不应无视自然之理，更不能置身于自然之外或凌驾于自然之上。与西方哲学主客二分的本体论不同，中国古典哲学习惯用"天"指称自然界，并将整个自然界视为本体存在，认为生命创造和流行则是其实现；用"万物"代表生命，主张即使是非生命之物，也与生命直接有关，是生命赖以生存的家园；人与自然不是外在的对立关系，而是内在的统一关系，正如宋代二程所说，"人之在天地，如鱼在水，不知有水，直待出水，方知动不得"，"天地安有内外？言天地之外，便是不识天地也"。换言之，人在天地之中，就如同鱼在水中一样，须臾不可分离，身处其中浑然不觉其重要，失去了才知可贵。反观当下人类对所谓生态文明的渴求便是这一哲理的现实写照。

社会科学发展至今，对人的社会属性的关注远远超过对人的自然本性的关注，甚至一度被排除在有关人性的研究范围之外，但事实上，人的自然本性与人的社会属性一样，都会切实影响人的行为，因而对人的自然本性的分析之于社会科学对人的行为、社会关系和社会结构的研究是必需的。在人文科学领域，对于人的自然本性，戏剧艺术大师易卜生在其创作的《人民公敌》中进行过十分精准的阐释，他指出："人类走向歧路的开始，首先是对其自然本性的背离，物质主义淹没了精神追求，科学的昌盛助长了人类的肆意妄为，理性的觉醒使人类陶醉在夜郎自大的征服欲中，而没有把人提升为自然秩序的代言人。人类越来越远离其自然本性和对自身的终极关怀，远离对善与美的追求，最终也导致人与他人、人与社会、人与自然关系的全面扭曲。"

我们看到由于物质文明高度发达，现代科学和工业化的高度发展而带来的核威胁、环境污染、温室效应、资源枯竭、物种消亡、臭氧空洞、瘟疫流行等种种令全球危机四伏的问题，殊不知，这些只是外部问题，其实，人的内部问题出现得更早、更为严重，也是所有问题的真正根源。"信仰的缺失、精神的空虚、行为的无能……种种表现已令我们触目惊心。在外部生态环境毁灭人类之前，人类可能已经在精神上毁灭自己了。"因此，人类要实现生态文明的前提条件是必须回归人类的自然本性，认清人与自然之母的依存关系，重拾对自然之力的敬畏之心，崇尚对自然之美、对蓝天白云和青山绿水的执着追求。从回归人的自然本性的角度，生态文明应在更宽广的视域中重新审视人的自然本性及由此产生的生态需求，包括生态安全的需求和生态审美的需求，即便是贫困也不应成为牺牲生态环境谋求经济发展的理由。在很多地方，恰恰是不合理的开发建设加剧了长期的贫困，从而使得贫困与生态破坏陷入恶性循环。自古游牧民族就有"逐水草而居"的生态智慧和传统。建设生态文明、实现对人的自然本性的回归，需要唤醒和推广生态智慧，以生态理性作为生态文明评价的价值核心。

（二）生态文明的价值核心是生态理性

学界对于生态理性的具体认知不尽相同，但大多数学者是将其置于经济理性、技术理性、工具理性的对立面进行论证和阐释。

法国左翼思想家安德烈·高兹将生态环境危机的产生归咎于不断追求利润最大化的资本逻辑和经济理性。他认为，在前资本主义的传统社会，经济理性并不适用，人们自发限制其需求，工作到生产的东西"足够多"为止；从生产不是为了自己消费而是为了市场开始，经济理性开始发挥作用。经济理性突破"够了就行"的原则，崇尚"越多越好"，把利润最大化建立在需求、生产、消费都最大化的基础之上。资本对利润贪欲的无限性与自然资源承受力的有限性之间的矛盾不可避免地将人类带入生态危机的旋涡。生态理性则相反，其主旨在于"更少但更好"，即以尽可能好的方式，尽可能少的、更耐用的物品满足人们的物质需要，并通过最少化的劳动、资本和自然资源来实现这一点。在资本主义条件下，生态理性和经济理性是对立的。从生态理性角度看是对资源的破坏和浪费的行为，从经济理性角度看则是增长之源；从生态理性角度看是节俭的措施，用经济理性的眼光看则属未充分利用资源，降低国民生产总值。另外，高兹认为，从消费领域还是从生产领域获得满足，也是经济理性与生态理性的区别之一，从经济理性向生态理性的转换过程也是人们不断从生产而不是从消费领域获得满足的过程。

夏从亚教授等人则认为是工具技术理性的无度扩张引发了全球性的生态危机。工具技术理性的概念源自马克斯·韦伯对两种合理性的划分和描述，主要指"以功能、实效为目标，以计算、可量化、可标准化为基本路径的思维范式"；它使人类冲破神性的禁锢，并"推动了与现代西方文明相联系的一整套的资本主义的劳动组织、行政管理、法律体系以及科学技术的形成和不断成熟"。①工具技术理性本身并不必然导致生态危机，资本与工具技术理性的合谋才是其走向非理性的根本原因。资本与工具理性的合谋使得人类对作为工具对象的物质的关注远远超过了对人作为主体存在和精神世界的关注，进而丧失了合理把握人类中心主义边界的愿望和能力，使得人类发展极度漠视自然的价值和客观规律，走向了人类中心主义的极端。与资本合谋的工具技术理性在实质上与高兹所说的经济理性完全一致，都是资本实现利润最大化的工具，它所真正体现的并不是人的主体价值，而是资本的主体价值；其所追求的并不是真正的人的幸福，而是纯粹的财富增值。"大量生产—大量消费—大量废弃"正是财富增值的必经之路，生态危机是其必然后果。

然而，学者们对资本主义经济理性和工具技术理性的批判是在西方经济理性和工具理性充分发展、现代化基本完成的背景下进行的，而中国尚在现代化的进程之中，市场化与经济理性在很多领域仍是经济体制改革的目标，工具理性的智性分析对于整个社会体系构建仍然不可或缺。日益严峻的生态危机呼唤生态文明建设，但在当下中国，

① 夏从亚，原丽红. 生态理性的发育与生态文明的实现 [J]. 自然辩证法研究，2014（1）.

发展仍是第一要务，为此，中国需要的是能够匡正经济理性并与之相容的生态理性，而不是与经济理性对立的生态理性；生态文明建设需要的是扬弃工具技术理性的生态理性，而不是试图取代工具理性的生态理性。

在社会主义市场经济背景下构建生态文明，以生态理性匡正经济理性、扬弃工具技术理性，首先应当明确经济理性和工具技术理性扩张的弊端所在及其与生态理性的差别。

在理论溯源上，无论经济理性和工具技术理性发端于哪个时代或哪种经济条件，不可否认的是，在其产生之初，人类的生产生活尚未对自然资源和生态系统造成实质性的影响或损害，现在所谓的经济发展的环境成本或代价并不在理性的考虑范围。然而，随着科学技术的发展、经济规模和人口规模的扩大，自然的承载力界限日益彰显，如果原有的经济理性和技术工具理性不能与时俱进地予以修正，继续将环境成本和生态损害置于经济成本考量范围之外，那么所谓的经济理性和工具技术理性必然走向非理性的深渊。

传统经济理性和工具技术理性忽略环境成本和生态损害的根源在于其价值观的偏差，即以积累财富和物质消费作为最大价值目标，忽视了大自然的自身价值，任意地攫取自然资源，任意地向自然界排放污染物，因而将经济发展所需的环境成本和导致的生态损害完全排除在理性的核算范围之外。而生态理性则把生态系统与经济系统视为母子关系，把大自然视为万物之母，在承认人是万物之灵，在生态系统中居于特殊地位的同时，强调必须保育大自然的生态价值，强调把人类的物质消费欲望和对自然的干预及改造限控在生态系统的承受能力范围内，也即将理性的内在价值目标与外在的生态阈限加以综合考量，用其"最优化"原则修正传统经济理性与工具技术理性的"最大化"原则，不是什么带来（利润的）最大化就做什么，而是什么带来最好就做什么。所谓的"最优"和"最好"都是建立在作为主体的人与其"无机身体"的自然、真实、多元的需要和合理、适度的物质变换基础之上，其所构建新的文化价值理念是要使人摒弃多余的欲望，追求与自然相和谐的有限度的生活方式，"诗意地栖居"，欣然于人与自然从物质到精神的多重交流。据此，修正后的经济理性和工具技术理性应当考虑经济活动的生态适宜性，引导经济结构和功能的生态化转型，进而维护生态系统的结构和功能；在资源利用和配置方面，把握开发的节奏和分寸，强调资源的保育和培植，以实现自然资源的生生不息和永续利用。①

在以培育和实践生态理性为核心建设生态文明的过程中，人们也应清醒地意识到，经济理性的理论形态即传统的经济学至今已有200多年的历史，不仅理论体系完备，而且积聚财富的实践效果显著，工具技术理性更是近现代理性发展史上不容抹杀的辉煌篇章；相形之下，生态理性的理论形态生态经济学和生态伦理学仅有不到50年的历史，其理论应用尚在摸索阶段，且因触及很多既得利益而难于推行。因此，生态理性要包容和整合经济理性，要扬弃和修正工具技术理性，不仅需要理论上的重大突破，更需要实践的勇敢探索。

（三）生态文明：由文明标准选至文明向度和文明形态

如前所述，关于生态文明的现有理论主要分为线性生态文明观和系统生态文明观两大类，主要涉及文明形态和文明结构两大范畴。而笔者认为对于生态文明的理解，从实践视角看，首先应当将之作为一种文明标准加以阐释，这一标准的价值核心就是生态理性，合乎生态理性标准的是为生态文明，不合生态理性标准的就是生态不文明。

"人类的全部文明都是动力于其对存在苦难意识和对生存匮乏的困惑激情，并是努力于消解存在困难、消解生存困惑和生存匮乏的行动展布和行动结果。"② 在此意义上，生态危机是生态文明产生的原动力，"这种令我们忧郁而沉痛的处境，恰恰是新文明诞生的开始"。"世界正在从崩溃中迅速地出现新的价值观念和社会准则，出现新的技术，新的地理政治关系，新的生活方式和新的传播交往方式的冲突，需要崭新的思想和推理，新的分类方法和新的观念。"③ 这种新思想、

---

① 姜亦华. 用生态理性匡正经济理性 [J]. 红旗文稿，2012 (3).
② 唐代兴. 生态理性哲学导论 [M]. 北京：北京大学出版社，2005：226.
③ 唐代兴. 生态理性哲学导论 [M]. 北京：北京大学出版社，2005：218.

新观念和新方法就是符合人类和自然整体发展需要的新的理性，即生态理性。唯有生态理性可以担当消解生态危机、催生新的生态文明的行动指南。正是在"价值观念""社会规则""行动指南""文明标准"的层面，生态文明才真正具有了实践性，并且与作为"社会控制"的基本手段的"法"产生了紧密的联结点。离开了生态理性这一文明标准，无论在"文明结构"还是"文明形态"层面，所谓的生态文明只能是无源之水、无本之木。

作为生态文明价值核心的生态理性是一个宏大的命题，不仅其思考的对象是人与自然乃至整个宇宙的整体关系，其思维范式是整体的也是综合的，并且其应用领域也覆盖至人类社会生产和生活的方方面面；生态理性不仅是一种纯粹的思维方式或方法，更有与之匹配的世界观、价值观、伦理观、发展模式与生活方式，由此而构建的生态文明也绝不仅仅是一种基于技术社会形态划分的后工业文明的文明形态或与精神文明、物质文明、制度文明相并列的一种文明结构。

以技术社会形态理论为基础，信息技术已成为工业社会之后新的技术社会形态的标志性技术，信息文明（或称"知识文明"或"智能文明"）是技术社会形态划分基础上的后工业文明形态。当然，生态文明也不是后信息文明。如果仅仅局限于技术社会形态理论，仅仅将生态文明理解为后信息文明，那么将大大降低生态文明的实践价值和现实意义，那无异于将生态文明的建成仅仅寄望于标志性的生物技术的发明或创造，寄望于不以人的意志为转移的社会生产力的提高。而当下世界各国生态文明建设的实践范围远远超出了鼓励和推广应用生物技术或生产技术生态化的范畴，在生产领域外，生态文明建设的领域至少还包括生态教育、生态伦理、生态法治、生态消费等。

生态文明也不是一般意义上与精神文明、物质文明、制度文明相提并论的文明结构或文明要素。生态文明的理念和理性标准贯穿于精神、物质、制度各个文明结构，成为其不可或缺的文明向度或文明主线，其所解决的不仅仅是如何改造客观世界的问题，也包括如何改造人的主观世界的问题；其所涉及的不仅是人与自然的关系，更实质的是人与人的关系。生态文明并非外在于精神文明、物质文明、制度文明的，而是可以与之并列的独立的文明结构或文明要素，实际上就是其综合构成的文明系统或文明形态的灵魂的某个侧面。如果说生态理性是一种止于至善的高级理性，那么生态文明就是一种只能无限接近而无法超越的文明形态，因此，生态文明的建设完全可以从当下工业文明内部的生态自觉开始，无限延展至任永堂教授所说的信息社会之后的大的生态社会历史阶段。

三、生态文明建设的重要性和必要性

生态文明的建设与中国的广大民众和中国的民族未来息息相关，也关系着我国全面建成小康社会，实现中华民族的伟大复兴的中国梦。它也是"两个一百年"奋斗目标的重要内容，我国展现大国之态积极应对气候改变，致力于维护全球的生态文明建设。维护生态文明是和我国的国情和时代发展规律相适应的。生态文明建设关系到我国资源的安全。我国存在着国民的需求与资源短缺的矛盾。由于我国实行保护环境和节约资源的基本国策，生态文明建设符合科学发展观的要求，这样才能够实现经济的可持续发展。加快转变经济发展方式、提高发展质量和效益的内在要求，是对不可持续的生产关系、生产方式和消费方式的转变，是一场创新组织机构、法律制度的新型革命建设；是当前和今后我国社会发展的客观需要、必然选择和必经之途。大力推进生态文明建设是一项功在当代、福泽后世的伟大事业；是引领中国经济社会与环境保护协调发展的新型道路，是为中国这艘巨舰树立的新航标，是开启中国复兴之门、未来之门的金钥匙，是一幅生产发展、生活富裕、生态良好的美好画卷。党和国家将生态文明建设摆在"五位一体总体布局"中的突出地位，将大大加快中国破解发展中的环境问题的探索进程，引领中国开辟"五位一体"和"五型社会"建设的全面协调持续发展的新道路，对中国的复兴具有里程碑的意义。全国人民只有充分认识加快推进生态文明建设的极端重要性和紧迫性，切实增强责任感和使命感，才能积极行动、深入持久地推进生态文明建设，加快形成人与自然和谐发展的现代化建设新格局，开创社会主义生态文明新时代。

（一）建设生态文明是中国社会发展的客观需要和必然选择

生态文明是人类历经几千年的农业文明和工业文明后，在认真总结人与自然关系的经验与教训基础上，经过反复思索和实践形成的一种新的文明观，是继承工业文明、超越工业文明的一种新的文明形态，是对人类文明发展进程的最新探索和人类智慧的结晶。生态文明吸收了当代生态环保运动、可持续发展运动的先进理念、思想、成果和优点，是生态运动和可持续发展战略的道德伦理基础，是建设和谐社会、环境友好社会和资源节约型社会的先进文明形态。生态文明代表着人类文明的发展方向，生态文明建设的提出既是文明形态的进步，又是社会制度的完善；既是价值观念的提升，又是生产生活方式的转变；既是中国环境保护新道路的目标指向，又是人类文明进程的有益尝试。

生态文明是人类经济社会发展的客观需要，中国人民经过近一百年的艰苦奋斗，才逐步进入一个建设以生态文明为旗帜的"五型社会"的新阶段。中国政府早在 20 世纪 90 年代中期，就开始提及生态文明，开始建设生态城市的探索。1999 年，时任国务院副总理的温家宝说，"21 世纪将是一个生态文明的世纪"。① 2003 年中共十六届三中全会提出了科学发展观，同年 3 月 9 日，中共中央总书记胡锦涛在中央人口资源环境工作座谈会上的讲话强调，"促进人与自然的和谐，推动整个社会走上生产发展、生活富裕、生态良好的文明发展道路"；接着，《中共中央国务院关于加快林业发展的决定》（2003 年 6 月 25 日）提出了"确立以生态建设为主的林业可持续发展道路，建立以森林植被为主体、林草结合的国土生态安全体系，建设山川秀美的生态文明社会"的指导思想。在 2005 年 3 月 12 日召开的人口资源环境工作座谈会上，胡锦涛提出了"在全社会大力进行生态文明教育"的任务；接着，《国务院关于落实科学发展观加强环境保护的决定》（国务院 2005 年 12 月 3 日）明确要求："发展循环经济，倡导生态文明，强化环境法治，完善监管体制，建立长效机制，建设资源节约型和环境

---

① 李振忠. 生态文明勾画中华美丽的家园图景［N］. 中国网，2007.

友好型社会。"2007 年 10 月 15 日，胡锦涛在"十七大"报告中提出了"建设生态文明"和"生态文明观念在全社会牢固树立"的目标，表明中国共产党的领导人已经将环境保护从行为实践提高到文化、理论和伦理的高度。

党的十八大对生态文明建设是非常重视的，"生态""生态文明"和"生态文明建设"在报告中出现的次数分别为 39 次、15 次和 7 次。一份国家和政府的官方文件，首次设单篇，用 7 个自然段、1361 个字论述生态文明，出现以下词语：生态、生态环境、海洋生态环境、生态环境保护。通过这样的描述，我们明显可以看出国家今后对于生态文明建设的重视程度。另外也有生态环境恶化、生态系统、自然生态系统、生态系统稳定性、生态系统退化、生态良好、生态价值、生态效益、生态安全等词语。同时也有这些词语：生态安全格局、生态空间、生态产品、生态产品生产能力、生态修复。对于生态补偿、生态补偿制度、生态环境保护责任追究制度这些词语也有出现。生态文明、生态文明建设、生态文明理念、生态文明制度、生态意识这些词语的出现体现了新时代要求。生态文明宣传教育、爱护生态环境的良好风气、生态文明新时代等词语也出现过。该报告还使用了大量与"生态""生态文明"建设相关的术语和用词，如"自然"这个词共出现 10 次（包括自然、自然灾害、自然恢复、自然生态系统等术语）；"环境"这个词共出现 33 次，其中属于环境保护法中的天然的环境和经过人工改造的环境的词有 24 个，如"环境保护""资源环境""生态环境""环境友好型社会""人居环境""生态环境保护""环境污染""生态环境恶化""良好生产生活环境""海洋生态环境""良好生态环境""环境问题""环境损害""环境保护制度""环境监管""环境损害赔偿""生态环境保护责任追究制度""环境损害赔偿制度""环保意识"等，属于社会环境的词有 9 个。另外，与生态文明建设有关的内容更多。把生态文明建设摆在总体布局、五位一体和突出地位的高度来论述，表明中国共产党对中国复兴的战略思想和中国特色社会主义总体布局认识的深化，彰显出中华民族对子孙、对世界负责的精神。

在《中国共产党章程》（中国共产党第十七次全国代表大会部分修改，2007年10月21日通过）中，没有提到"生态"一词，仅仅分别一次提到"人与自然和谐发展""建设资源节约型、环境友好型社会"。《中国共产党章程》（中国共产党第十八次全国代表大会部分修改，2012年11月14日通过）首次在总纲中用一个自然段、182个字论述生态文明，首次专门强调"生态文明""生态文明建设""生态文明理念"和"生态良好的文明发展道路"。该党章强调，"必须按照中国特色社会主义事业总体布局，全面推进经济建设、政治建设、文化建设、社会建设、生态文明建设"；"中国共产党领导人民建设社会主义生态文明。树立尊重自然、顺应自然、保护自然的生态文明理念，坚持节约资源和保护环境的基本国策，坚持节约优先、保护优先、自然恢复为主的方针，坚持生产发展、生活富裕、生态良好的文明发展道路。着力建设资源节约型、环境友好型社会，形成节约资源和保护环境的空间格局、产业结构、生产方式、生活方式，为人民创造良好生产生活环境，实现中华民族永续发展"。党章是党的根本纲领和党内"大法"，这份党章有着建设社会主义生态文明的总要求和指导原则，也有我国生态文明建设工作的要点，它将整个共产党党员与经济建设、政治建设、文化建设、社会建设各方面和全过程联系在一起。

从某方面来说，中国共产党在"十八大"报告中首先将全面建设生态文明社会列入党章的政党。通过这样的形式，我们可以看出《中国共产党章程》是一个具有绿党特征的党章。虽然说中国共产党并不是"绿党"，但是绿色发展，推进生态文明建设是借鉴了"绿党"的相关经验与教训。这次的十八大和中共党章都重点关注生态文明建设。同时"五位一体"的提出，说明中国共产党对于建设中国特色社会主义的和中国梦的探索，是中国共产党对于自身建设的改革，回答了怎样实现我国经济社会与资源环境可持续发展问题所取得的最新理论成果。这是中国在面对环境资源生态问题挑战的伟大创举和战略抉择，显示出中国的大国担当和作为联合国常任理事国的责任。这必将为中国的子孙后代谋福利，同时也是为世界人民谋福利和谋发展。经济、政治、文化、社会和生态文明这五方面的统一建设，就是"五位一体"。同时我们还要建设"五型社会",它包括环境友好型社会、资源节约型社会、绿色经济型社会、和谐社会和生态文明社会。只有将这两项同时协调进行,才能实现中华民族的复兴梦,这对于中国的建设具有着里程碑式的意义。

《中共中央关于制定国民经济和社会发展第十三个五年规划的建议》(2015年10月),已经将"加强生态文明建设"纳入第十三个五年规划(2016年到2020年),并将其作为"十三五规划"十个重点领域之一。

(二)建设生态文明是实现科学发展、可持续发展和人的全面发展的必经之途

在全部文明体系中,生态文明是物质文明、政治文明和精神文明的基础,是科学发展、可持续发展和人的全面发展的前提条件之一。建设生态文明是实现科学发展、可持续发展和人的全面发展的必经之途,是坚持和贯彻科学发展观的需要。

科学发展首先强调的是发展,这里的发展应该包括经济、社会、政治、文化和生态的发展,而不仅仅是经济发展或经济增长即GDP增长。从科学发展观来看,经济发展是硬道理硬指标,环境保护也是硬道理硬指标。那种不问时间、地点和情况变化,机械地、教条地将经济发展特别是GDP增长作为"优先"和"中心"的观念和政策是错误的。《国务院关于落实科学发展观加强环境保护的决定》(2005年)已经提出了"在环境容量有限、自然资源供给不足而经济相对发达的地区实行优化开发,坚持环境优先"的决策。江苏省党委和政府已经确定环保优先的方针,江苏省于2007年11月颁布的《江苏省海洋环境保护条例》已增加"坚持环保优先"的方针。广东省党委和政府也对珠江三角州地区提出了"环保优先"的方针。《贵阳市建设循环经济生态城市条例》(2004年)第二条规定,在建设循环经济生态城市时,实行"以人为本、环境优先的原则"。《中华人民共和国环境保护法》(1989年12月26日第七届全国人民代表大会常务委员会第十一次会议通过,2014年4月24日第十二届全国人民代表大会常务委员会第八次会议修订,于2015年1月1日起施行;本书在后面引用中华

人民共和国法律法规时，省去"中华人民共和国"七个字）明确规定，"环境保护坚持保护优先"的原则（第五条）。《中共中央国务院关于加快推进生态文明建设的意见》（2015 年 4 月 25 日）进一步明确规定，"坚持把节约优先、保护优先、自然恢复为主作为基本方针。在资源开发与节约中，把节约放在优先位置，以最少的资源消耗支撑经济社会持续发展；在环境保护与发展中，把保护放在优先位置，在发展中保护、在保护中发展；在生态建设与修复中，以自然恢复为主，与人工修复相结合"。

　　科学发展强调全面稳健发展，既是指保持不断发展的总体态势，也是指稳步健康发展。发展是硬道理，没有发展就没有社会的进步与人类的幸福。正如《中国 21 世纪议程——中国 21 世纪人口、环境与发展白皮书》中所指出的那样："对于像中国这样的发展中国家，可持续发展的前提是发展。为满足全体人民的基本需求和日益增长的物质文化需要，必须保持较快的经济增长速度，并逐步改善发展的质量，这是满足目前和将来中国人民需要和增强综合国力的一个主要途径。只有当经济增长率达到和保持一定的水平，才有可能不断消除贫困，人民的生活水平才会逐步提高，并且提供必要的能力和条件，支持可持续发展。"习近平在博鳌亚洲论坛 2013 年年会上发表演讲时指出："我们的奋斗目标是，到 2020 年国内生产总值和城乡居民人均收入在 2010 年的基础上翻一番，全面建成小康社会；到本世纪中叶建成富强民主文明和谐的社会主义现代化国家，实现中华民族伟大复兴的中国梦。"可见，实现中华民族伟大复兴的"中国梦"，必须建立在国家社会长足发展的基础上。所谓长足发展，简单地说就是长期保持稳健强劲的发展态势。中国是最大的发展中国家，经过 30 多年改革开放，国家经济、社会发展取得了辉煌成就。人民生活水平也得到了较大提高，但是所付出的环境代价也是巨大的。当前我们正处于工业化、城镇化和农业现代化加快发展、全面建成小康社会的关键阶段，随着人口、资源、环境等生产要素越来越难以支撑我国经济社会可持续发展的需要，长期以来过分依赖要素投入的经济增长模式必须向提高全要素生产率转变，即通过技术进步、改善体制和管理以更有效地配置资源，提高各种要素的使用效率，从而为经济增长和社会发展提供持久不衰的动力源泉。

实现社会与人在物质与精神层面的全面进步与可持续发展是"中国梦"的根本追求，但它必须建立在资源的可持续利用和良好的生态环境基础上。因此我们必须处理好发展与保护的关系，坚持在发展中保护，在保护中发展，以发展支撑保护。具体到"中国梦"的实现来说，就是必须坚持在发展的过程中不断推动科技进步，使科技更好地发挥其因势利导的作用；在发展的过程中不断转换思维方式，加快经济发展方式变革；在发展的过程中不断强化国家社会管理功能，推进和完善生态立法与监督；在发展的过程中不断提高人们的思想素质，促进生活方式的环保化、健康化。唯其如此，才能实现发展的可持续性，同时确保生态安全。

全面、加快和突出生态文明建设，对于科学发展、全面发展、协调发展、可持续发展，具有重要的意义和作用。建设生态文明是科学发展观的基本要求之一，生态文明体现了科学发展观的重要内涵：强调"以人为本"，要求以生态人理性发展生态文明；强调"以自然为根"，要求将环境生态作为人与社会经济发展的根本基础；落实"以人与自然和谐、人与人和谐为魂"，要求按照自然生态规律和经济社会规律进行科学发展；重视全面协调发展，要求全面推进经济、政治、文化、社会、生态等各个方面的发展，并使之相互协调。总之，只有全面、加快和突出生态文明建设，才能实现我国经济、社会、政治、文化和环境的科学发展。

（三）生态环境、生态安全及人与自然关系的重要性，决定了建设生态文明的重要性

1. 环境生态的重要性，决定了建设生态文明的重要地位

生态文明的基础是人类赖以生存发展的物质基础（包括生态系统、自然环境和自然资源）和自然生态规律。生态环境和自然资源是人类生存发展的物质基础和基本条件，是经济、社会发展的物质源泉，是工农业生产等各种生产活动和经济建设的原料、能源和动力，是最宝贵的物质财富。环境生态是人和社会持续发展的根本基础，国土是

生态文明建设的空间载体。环境生态的重要性可以用"以自然为根"来概括。关于"以自然为根",我们可以从如下几个方面加强理解。我国春秋时代的思想家管仲认为,"地者,万物之本原,诸生之根菀也"(《管子·下篇·水地》),"地者,政之本也"(《管子·乘马》);"是以水者,万物之准也,诸生之淡也,违非得失之质也"(水是万物的根据,一切生命的中心,一切是非得失的基础),"人,水也"(人也是水生成的),"水,具材也"(水是具备一切的东西),"具者何也,水是也。万物莫不以生"(什么东西是具备一切的东西?水就是具备一切的东西。万物没有不靠水生存的),"水者何也?万物之本原也,诸生之宗室也"(水是什么?水是万物的本原,是一切生命的植根之处)(以上引自《管子·下篇·水地》);"夫民之所主,衣与食也。食之所生,水与土也"(《管子·禁藏篇》)。古希腊米利都学派的泰勒斯(Thales,约公元前624至公元前547年,古希腊第一个哲学家,米利都学派创始人)认为,"万物的本原是水","万物来自水,又复归于水";古希腊米利都学派的阿那克西米尼(Anaxi menes,约公元前588至公元前525年,古希腊米利都学派唯物主义哲学家)认为:"气"是世界的本原,"气的凝聚和稀释造成万物"。马克思认为,"土地(指地上地下资源)是一切生产和一切存在的源泉";他还引用威廉·配第的话说,"劳动是财富之父,土地(指一切自然资源)是财富之母"。马克思指出,"人本身是自然界的产物,是在他们的环境中并且和这个环境一起发展起来的",[①] "人靠自然界生活","人是自然界的一部分",[②] 自然是"人的存在的基础"[③]。法国作家加里在《天根》一书中指出,"大自然是人类生存之根,是所有生命的根"。中共"十八大"报告强调"良好生态环境是人和社会持续发展的根本基础"。《中央国务院关于加快水利改革发展的决定》(2010年12月31

---

① 中共中央编译局. 马克思恩格斯选集: 第3卷 [M]. 北京: 人民出版社, 2012: 75.

② 中共中央编译局. 马克思恩格斯全集: 第42卷 [M]. 北京: 人民出版社, 1979: 95.

③ 中共中央编译局. 马克思恩格斯全集: 第42卷 [M]. 北京: 人民出版社, 1979: 122.

日）强调，"水是生命之源、生产之要、生态之基"。2002 年，时任国家主席江泽民在全球环境基金第二届成员国大会上的讲话指出："人类是自然之子。"2004 年，时任中共中央总书记胡锦涛认为，"良好的生态环境是社会生产力持续发展和人们生存质量不断提高的物质基础"，"自然是包括人在内的一切生物的摇篮，是人类赖以生存和发展的基本条件"。习近平总书记强调，"山水林田湖是一个生命共同体，人的命脉在田"。时任国家环境保护部部长的周生贤指出，"良好的生态环境是生存之本、发展之基、健康之源"。自然生态系统是人类赖以生存和发展的基础，自然生态系统遭到破坏，人类生存发展就成了无源之水、无本之木。从某种意义上可以认为，"以自然为根"是生态文明的基本理念，也说明了生态文明建设的极端重要性和根本性。

2. 生态安全的重要性，决定了建设生态文明的重要地位

生态安全，是指人类生态系统的生存和完整性处于一种不受污染和破坏的威胁的安全状态，或者说生态安全是指人类及其环境的生存和完整都处于一种不受环境污染和生态破坏危害的安全状态。生态安全既反映环境安全也反映人类安全，它表示自然生态环境和人类生态意义上的生存和发展的安全程度和风险大小。生态安全是科学发展观、可持续发展观的一项重要内容。科学发展、可持续发展要求满足全体人民的基本需要，而维护生态安全正是人们的一种基本需要。经济危机是短暂的，而生态危机则是长期的。一旦形成大范围不可逆转的生态破坏，民族生存就会受到根本威胁。

1996 年 7 月 16 日，江泽民《在第四次全国环境保护会议上的讲话》中指出："历史的经验告诉我们，为了确保环境的安全，必须实行污染物排放总量的控制。"[①] 早在 2003 年 6 月 25 日，《中共中央国务院关于加快林业发展的决定》就提出了"确立以生态建设为主的林业可持续发展道路，建立以森林植被为主体、林草结合的国土生态安全体系，建设山川秀美的生态文明社会"的指导思想。习近平也强调指出，划定并严守生态红线，构建科学合理的城镇化推进格局、农业发

---

① 国家环保局. 第四次全国环境保护会议文件 ［M］. 北京：中国环境科学出版社，1996：3 - 5.

展格局、生态安全格局，保障国家和区域生态安全，提高生态服务功能。要牢固树立生态红线的观念。《中共中央国务院关于加快推进生态文明建设的意见》（2015 年 4 月 25 日）认为"加快推进生态文明建设是积极应对气候变化、维护全球生态安全的重大举措"，要求"加快生态安全屏障建设"，形成"生态安全战略格局"，"促进全球生态安全"。中共中央国务院印发《生态文明体制改革总体方案》（《光明日报》2015 年 9 月 22 日 2 版）将"保障国家生态安全"作为"生态文明体制改革的指导思想"的重要内容。

生态是人类生存的家园和方式，人是人类生态系统的最重要的成员。一个结构完整、功能齐全、处于动态平衡和良性循环的生态系统，是人类生存发展的基本保障。建设生态文明就是为了维护生态平衡、促进生态系统良性循环、保障生态安全。生态安全的重要性，决定了生态文明建设的重要性。生态文明建设就是构建、维护国家生态安全屏障的建设活动，只有全面促进生态文明建设，加强环境安全或生态安全法制建设，防治生态安全问题及环境污染和环境破坏，才能使我国人民获得一个安全舒适、安居乐业的生活环境，一个富于生产多样性、生态良性循环的生态环境，一个环境适宜、资源充足的生产建设环境。

3. 人与自然关系的重要性，决定了建设生态文明的重要地位

人类社会与自然的矛盾，从古至今，一直都有。它是人类社会存在的最基本的矛盾。任何社会都有这样的基本关系和基本问题，人类永远都面临着这样的问题，从一出生到人寿命的终结，我们始终与大自然保持着生态联系。一方面，我们说人生活在一个外部自然环境生态系统之中，这就是人与自然社会的一个生态系统。另一方面，我们说人作为一个生物体，本身就是一个自然生态系统。人生活在地球这样的一个大的生态系统之中，人类只是这一大系统的其中一个环节。马克思主义思想中，人是靠着自然界才能够生存，它是人能够在地球上生存的物质条件，而且人是自然界必不可少的一部分。人类不仅仅只是活在人类本身的社会之中，而且也活在自然之中。自然和历史是人类社会生存必不可少的两个环境条件。

2003 年中共十六届三中全会提出了科学发展观，胡锦涛在阐明科学发展观时指出，"协调发展，就是要……统筹人与自然和谐发展……可持续发展，就是要促进人与自然的和谐，实现经济发展和人口、资源、环境相协调"，"要牢固树立人与自然相和谐的观念"。《国务院关于落实科学发展观加强环境保护的决定》（2005 年 12 月 3 日）强调，"以促进人与自然和谐为重点，强化生态保护"。《中共中央国务院关于加快推进生态文明建设的意见》（2015 年 4 月 25 日）要求，"加快形成人与自然和谐发展的现代化建设新格局"。中共中央国务院印发《生态文明体制改革总体方案》（《光明日报》2015 年 9 月 22 日 2 版）将"以正确处理人与自然关系为核心""推动形成人与自然和谐发展的现代化建设新格局"，作为"生态文明体制改革的指导思想"的重要内容。人与自然的和谐必然促进人与人的和谐，包括人与社会的和谐。2005 年，时任国家主席胡锦涛指出："大量事实表明，人与自然的关系不和谐，往往会影响人与人的关系、人与社会的关系。如果生态环境受到严重破坏、人们的生产生活环境恶化，如果资源能源供应高度紧张、经济发展与资源能源矛盾尖锐，人与人的和谐、人与社会的和谐是难以实现的。"2012 年，时任环境保护部部长周生贤也认为："人与人的社会和谐依赖于人与自然的和谐。人类社会系统与自然生态系统的协调发展、和谐共处、互惠共存，有利于推动建成和谐社会人人共享的美丽中国。"人与自然关系和人与自然和谐的重要性，决定了建设生态文明的重要性。建设生态文明就是建设和谐的人与自然关系、和谐的人与人的关系。只有通过建设生态文明，才能实现人与人的和谐相处和人与自然的和谐发展。

四、中国特色社会主义生态文明建设的重要战略任务

在深刻分析我国经济建设和社会发展面临的突出矛盾和问题，特别是面临资源约束趋紧、环境污染严重、生态环境退化的严峻形势的基础上，党的十八大报告提出了我国生态文明建设的四项基本任务，即优化国土空间开发格局、全面促进资源节约、加大自然生态系统和环境保护力度、加强生态文明制度建设。这体现了科学发展最本质的

要求，是实现经济社会协调发展和可持续发展的根本保障。

（一）国土是生态文明建设的空间载体

土地、矿产等国土资源是生态系统的重要组成部分，是生态文明建设的物质基础、自然主体、空间载体和关键要素。从某种意义上说，生态文明建设最基本的问题，就是合理利用和有效保护包括国土资源在内的自然资源。毫无疑问，加强生态文明建设，是新时期赋予国土资源部门的重大战略任务。合理规划、科学管控国土资源，推动国土资源开发利用实现经济效益、社会效益和生态效益相统一，发挥技术、人才优势，全面系统地开展耕地保护、土地整治、矿山复垦以及进一步提高国土资源节约集约利用水平等，这些都是生态文明建设的重要组成部分。

（二）节约资源是保护生态环境的根本之策

在十八大的报告中，我们可以得知促进资源节约的具体措施，这为我国在全面促进资源节约方面提供了重要方向，基本划定了它的基本领域，并且按照要求提出了相关重点工作。节约资源是缓解当前资源约束矛盾的重要措施，是实现全面建成小康社会目标的战略选择，是发展循环经济、实现可持续发展的必然要求，是增强企业竞争力的有效途径。节约资源是创新管理理念的内在要求。管理的目的之一就是解决有限资源与无限需求之间的矛盾。先进的管理理念可以提高效率，是实现盈利的"增收剂"。实现"增收"，一要合理分配、利用资源，二要有效节约资源。在当前资源短缺成为世界性难题的情况下，节约资源无疑体现了当代管理理念的创新。节约资源也是实施科学决策的本质体现。决策是管理工作的核心，管理者决策水平的高低直接影响着组织活动的开展和管理目标的最终效果。科学决策就是最大的节约，而要实现节约就必须进行科学决策。节约资源还是提高管理效益的必要途径。管理本身就是资源与需求矛盾的产物。通过管理实现资源效益的最大化，同时也就实现了管理效益的最大化。因此，节约资源既是衡量管理效益的一个重要标尺，也是管理的最终目的。要把这些部署全面贯彻落实到经济社会发展的各个方面和各个环节，确保全面促进节约资源取得重大进展。

第二节　人类文明的新境界

一、新的文明观念

（一）环境理论学的提出与观点

在 20 世纪 70 年代以前，西方的环境伦理学家们都是在人类中心论的框架内来讨论环境伦理问题的，并提出了一种开明的人类中心主义伦理学或弱人类中心主义伦理学。如美国植物学家墨迪（W. H. Murdy）在《一种现代的人类中心主义》（1993）一文中提出的"现代人类中心主义"；澳大利亚哲学家帕斯莫尔（J. Passmore）和麦克洛斯基（H. J. Mccloskey）分别在《人类对自然应负的职责》（1974）和《生态伦理学和政治》（1983）等文中提出的"开明的人类中心主义"；美国哲学家诺顿（B. G. Nordon）在《环境伦理学与弱式人类中心主义》（1984）等文中提出的"弱人类中心主义"，等等。[①]概括起来看，这类伦理学认为，环境问题不纯粹是一个技术问题，也不是科学技术提供资源（或消除污染）的速度慢于人类消费资源（或制造污染）的速度问题。技术问题只是环境危机的表面征候，环境问题的实质是价值取向问题。因此，环境伦理学认为，狭隘的人类中心主义是导致当代环境问题的深层根源。它主要表现为集团利己主义、代际利己主义、人类主宰论、粗鄙的物质主义和庸俗的消费主义、科学万能论与盲目的乐观主义。人类要想使全球环境恶化的趋势得到有效的遏制，就必须首先抛弃狭隘的人类中心主义，接受新的环境伦理价值观。

----

① 薛建明，仇桂且. 生态文明与中国现代化转型研究［M］. 北京：光明日报出版社，2014：21.

（二）环境伦理学对人类中心主义的超越

1. 人文因素的定义：从自然系统视角观世界

人类是从大自然中演变进化而来的，具有较先进的思维系统，但人类并不是唯一具有较高价值的存在，自然中的其他生物与人类一样，也是大自然的孕育，是与人类拥有同等地位的生物，更不存在高低贵贱之分，在整个生态系统中具有不可或缺的作用，人类之所以能快速且大幅度的进步与大自然的价值关系密切，而生态系统中的其他生物也是环环相扣，牵一发而动全身，甚至缺一不可，所以说人类并不是脱离自然而独立的存在，但如今的现状，也仅仅只能说明人类影响自然的作用大于其他生物，所以人类的行为活动对生态的影响大大超过了其他存在结构。工业化以来，在人与自然的关系中，人类已处于主动地位，不断改造自然，为人类创造大量财富，造福人类。但同时也掠夺自然破坏自然，招来自然对我们的报复。地球生态系统影响着人与社会的发展，现代生态理论表明，地球生态系统的平衡状态在绝大程度上对人与社会的进步发展起到决定性作用，将保护爱护我们的家园作为人类发展经济的首条原则，才是真正意义上做到进步与保护的共赢。人类的任何行为活动都不能以牺牲自然资源为代价，更不能过分地依赖生态系统，面对当前现状，人类的过分索取引发的环境问题而导致生态系统平衡失调，才是我们首要解决的问题。

随着工业的发展，人们也意识到生态对于发展的重要性，随之产生了生态文明，这种文明体现了人类秉承着以人为本的原则该如何做到人与自然的和谐共处，反思人类自身存在的问题。正如马克思所说："人靠自然界来生活。这就是说，自然界是人为了不致死亡而必须与之不断交往的人的身体。所谓人的肉体生活和精神生活同自然界相联系，也就等于说自然界同自身相联系，因为人是自然界的一部分。"因此，建设生态文明是基于人与自然和谐相处的条件之上，建立以满足人民生活需要为目的的生产方式，通过整体规划对人的物质生产进行调节和控制，既保证自然生态的平衡，又保证人类的直接利益与长远利益的协调，从而保证人与自然的协调发展。

2. 对自然承担责任：从自然伦理的视角出发

"人类中心主义"和"非人类中心主义"是研究人与自然关系的两大观点，从人类本身探索自然，又从自然发展人类，相互存在又相互包容。大尺度下的自然规律是熵增，人类的存在是逆熵过程，所以人与宇宙的关系是对立的。如果认为人是自然的一部分，那么自然会主宰人类的一切，最终回归自然。但认为自然是人类的一部分，则人类支配自然，解放自然。随着生态系统失衡的情况日益严重，人们必须建立起保护自然，承担起保卫家园的责任。

人类社会发展进步与自然环境有着千丝万缕的联系，总体而论它们是一对矛盾体，是一个完整的系统工程，两者既相互促进又相互制约，自然环境是人类社会赖以存在的基础和前提，是社会物质生活和社会发展的经常的必要的条件；人类依赖于自然界，是物质自然界发展到一定的产物，人类的生产发展所需的生产资料来于自然环境，忽视保护自然界将会制约人类社会生产发展。正确认识并处理好两者的关系，关系全人类的现在和未来，关系到每个国家和每个公民的生死存亡，也关系到人们的生活质量，关系到人类发展进步的前景等许多方面的问题，就应真正做到人、社会、自然三方和谐共通的状态。生态文明伦理的实质是站在伦理学的角度上归纳总结出的一种责任伦理，这是因为，责任伦理强调"人与人之间的责任延伸到人类，特别是对未来人类的尊重、责任和义务；并且人不仅仅是对人才有义务，而且对人类以外的大自然、作为整体的生物圈也有义务，并且这种保护并不是为了我们人类自己，而是为了自然本身"①。亚里士多德认为，幸福即是至善，"是合乎德性的现实活动"②。"合乎德性的现实活动，才是幸福的主导，其反面则导致不幸：在各种人的业绩中，没有一种能与合乎德性的现实活动相比，较之那些分门别类的科学，它们似乎更为牢固。在这些活动中，那享其至福的生活，最为持久，也是最荣耀

---

① 薛建明. "人—地"关系可持续的理性思考 [J]. 生产力研究，2007（11）.
② 亚里士多德. 尼各马科伦理学：下册 [M]. 北京：中国人民大学出版社，2003：14.

和巩固的"①。在人与自然关系中合乎道德责任的实践活动是生态文明倡导的理念之一。

二、生态现代化理念

（一）生态现代化理论的形成与发展

自 20 世纪六七十年代以来，西方许多国家的人民群众开始游行，抗议示威，以此来对环境污染事件进行批判，并希望引起政府的重视，采取合理的措施解决生态危机引起的一系列问题。20 世纪 70 年代时，为响应时代号召，许多环保组织成为一股新兴力量，对号召人类保护自然起到巨大的作用，其中地球之友、绿色和平组织尤为突出。这期间，各种活动应用而生，成长迅速。1972 年，全德环境保护志愿者联合会拥有 30 万成员，到 1985 年，发展为拥有 150 万成员。他们开始主要是自发地开展活动，表达自己的愿望和要求：实现工业无污染化，减少垃圾；反对滥捕滥杀，提倡保护动植物；反对开发利用核能，主张利用太阳能、风能和水资源；反对兴修大型机场、高速公路，反对过度的海洋开采、捕捞等。

到 20 世纪 70 年代末，以罗马俱乐部提出的"增长极限论"为代表的激进的环境主义，被经济衰退锁住了手脚，持续通货膨胀和大规模失业使社会未来的经济发展突然失去了保障。激进的环境论为了维护其社会可信度，不得不寻找调节经济重建与环境关注的途径。② 同时，环境主义者也意识到，激进的对抗模式可能降低环境运动的社会影响力，他们采用参与战略替代对抗风格。于是，学术界开始寻求一种以实用主义方式解决环境问题的途径。这样，生态现代化概念在环境社会学与环境政治学领域中应运而生。

---

① 亚里士多德. 尼各马科伦理学：下册［M］. 北京：中国人民大学出版社，2003：18.

② 黄英娜. 20 世纪末西方生态现代化思想述评［J］. 国外社会科学，2001（4）.

（二）生态现代化理论的核心观点

1. 生态理性具有越来越强的独立性

理性是人类所特有的认识与把握客观世界一般本质与必然联系，并根据这种认识来指导实践、规范自身的能力。人类理性的主导形态与社会实践密切相关，并具有现实的历史性。支撑现代工业文明和市场经济的理性形态主要是经济理性和科技理性，但二者均由于对自然环境的破坏而尽显其不足，对当下而言，生态理性已是时代的必然选择。

生态现代化说到底就是使人类现代化的进程符合生态化的方向，并把生态现代化融入到整个经济社会进程之中。随着生态原则成为生态现代化的首要原则，生态理性开始挑战并逐步代替传统经济理性的主导地位，社会生产和消费过程的分析和判断、设计和组织首先要从生态视角出发，其次才是经济视角。

2. 科学技术革新在解决环境问题中具有至关重要的作用

历史经验证明，科学技术在推动社会进步方面起了至关重要的作用。同样科学技术革新在生态现代化过程中也发挥着重要作用，生态现代化的过程就是科学技术不断进步与扩散的过程。因此，有学者将生态现代化过程称为"科学技术决定论"，并对此持批判态度。实际上，生态现代化理论在强调科技技术革新的同时，也侧重于支持技术革新的环境背景和推动政府管理核心的作用，将重心放在除旧革新的过程中，而这也表明生态现代化成为社会经济生态化转型的重要步骤，技术的改革和应用在这个过程中起到了决定性的作用。

3. 国家的主导不可或缺

经济全球化背景下，生态保护走在前列的"先驱国家"的开创性革新行为是生态现代化的重要驱动力。国家的全球化发展，使他们紧密联系市场，也更加有共通性。先驱国家之间的竞争逐渐增大，在环境技术和环境政策的改革方面，也给其他的国家带来了竞争压力。通过全球化的经济发展，学习到了技术和政策的方案，从而取得了非常大的利益。其次环境问题的现状日益严峻，决策者作出的决策也更加艰难，处于先驱地位的国家，将技术与政策引领到了另一种方向，其他国家便可借鉴其政策，取其精华，去其糟粕。同时民族国家的环境政策及其执行是一个非常关键的因素。市场失灵带来的投资风险、经济社会的结构性转型带来的失利者、环境革新的外部性问题诱导的"搭便车"行为，都更加需要国家政策的支持、激励和规范。

三、生态社会主义理念

（一）生态社会主义的基本内涵

所谓生态社会主义，是将生态学原则与社会主义原则结合起来解决人与人、人与社会、人与自然生态关系矛盾的一种理论形态。生态社会主义理论的核心性问题是论证现代生态环境问题的资本主义制度根源和未来社会主义社会与生态可持续性原则的内在相容性。生态社会主义的内涵可以从三个方面加以概述：一是为何不是生态资本主义；二是与传统社会主义有何异同点；三是如何构建未来生态社会在理论上的制度结构。

首先，否定生态资本主义。生态社会主义与生态资本主义本就是对立矛盾的两面，社会主义是批判资本主义与环境破坏的存在，而发生生态危机的根源在于资本主义制度的缺陷。更有西方学者本·阿格尔认为工业时代导致的生态危机并非由机器科技造成的，其根本原因是在于资本主义制度的缺陷。

其次，与传统社会主义的异同之处。生态社会主义的定义介于社会主义与资本主义之间，站在资本主义的角度上来说，生态资本主义是对纯粹资本主义的反驳，尤其是在生产力和生产方式上，生态社会主义是以现代社会主义的角度来改善在工业社会中人与自然的关系，重视人与自然的协同发展，侧重于天人合一的完整性理念，这就是与社会主义生态理念的区别，但共通之处则是都将生态合理性与经济合理性统一结合。

最后，如何构建未来生态社会在理论上的制度结构。生态社会主义强调："我们为之奋斗的经济制度是以人民以及未来几代人的迫切需求为目标的。我们所考虑的是这样一种社会，在这种社会里，人际关系以及人类与自然界的关系将成为空前多的有意识予以考虑的问题；在这个社会里，注意自然界的生命循环，注意技术的发展和应用，注意生产和消费之间的关系，将成为一切有关人们的职责。"①

（二）生态社会主义的主要理论观点

对于生态社会主义理论的研究可以从以下三个方面入手：一是生态观的探究着力于人类可持续发展与社会和自然的关系；二是站在资本主义和社会主义的角度上思考引发现代生态环境的根本原因，致力于如何有效地解决生态危机问题，寻求发起变革的力量及方式；三是从人类与自然、人类与社会的存在关系中，归纳总结出未来绿色社会的建设理论，并予以实践。

第三节　生态文明建设中价值追求的回归

地球是人类的衣食父母，人类的衣食住行都取之于地球。但是，人类欲求无限制地膨胀，对自然也就无节制地开发、破坏，造成地球生态的恶化，使人类生存根基摇摇欲坠，难以承担起对人类哺育的责任。人类在处理与自然的关系问题上曾经迷失，现在已经开始苏醒，并把生态文明建设列入社会发展的战略布局，希望以之反哺自然。基于此，也就要把"回归自然"作为其核心价值追求，深入发掘自然的价值内涵，按照大生态圈的要求，实现价值重构，从而使异化的自我，在自然、社会和精神方面获得真正的回归。

一、重筑绿色家园

过去，我们总把地球当作最可爱的家园，但现在这个家园被糟蹋得不像样子，越来越多的地方已不适宜于人类居住。有时候，人们似乎对地球这个家园开始失望，急迫地在宇宙空间寻找新的可以栖身的

---

① ［美］弗·卡普拉，查·斯普雷纳克. 绿色政治——全球的希望［M］. 上海：东方出版社，1988：148－149.

家园。在反复观测了几个距离地球最近的星球之后，许多研究与理论都将火星当成一个可行的移民地，它的表面状况与水分的来源使得火星成为太阳系除地球外最适合人类居住的星球。因为火星的环境与改造成适合生物生存的可能性，火星被许多科学家（其中也包括斯蒂芬·威廉·霍金）认为是一个移民的理想行星。为此，自20世纪60年代以来，世界上一些国家都发射了探测器到火星上，但以失败居多，且载人到火星的飞行器至今也没有制造出来，即使太空技术最先进的美国，也只有2028年发射载人火箭到火星的计划。

（一）维护地球家园

人类无论如何也离不开地球，即使开发了火星，也需要从地球的自然生态圈获得生存的基础。遍布大地的植物吸收太阳光能转换成化学能与生物能贮存在植物生命的内部。生活在丛林或草原上的动物取食各种植物以吸收植物的物质与能量。太阳能同时还被大气圈、水圈和地圈吸收增加温度，造成风、潮汐和物质的风化裂解等地理现象。地球内部的能量又通过火山、地震和温泉等形式输送出来影响着地球上地圈、水圈、大气圈和生物圈。地球上生物物种之间及其与周围生态环境构成了复杂丰富的样态并且相互依存，不断延续下去。换言之，正是这些不同的生物种类，以及由它们与周围环境组成的生物生态和社会结构，构成了作为人类社会生存发展之最基本前提的生物（态）稳定性与多样性，所以必须要始终维护这个基本前提。

在自然生态圈这个大系统中，人与自然相互作用、相互依存、共同发展。我们生活在自然界中，呼吸着自然的空气，喝着自然的水，吃着地上生长出来的多种植物……我们的吃穿用度都取自于自然，自然是人的无机的身体，我们的生命活动一刻也离不开自然。

（二）修复天人关系

人类只有一个地球，即使火星可做备用，也不能有太多指望。据说，火星上至今还没有发现生命迹象，这说明那里的环境也是极其恶劣的。要知道，地球从出现生命体到最后进化到人，那是经过了多少亿年，要想火星变成生命存活之地，不知该等待多少万年。因此，当代人类必须牢记"人类只有一个地球"这句话，不能把希望寄托在渺茫而不可知的星球上。

人是能动的客体，是天地万物唯一能思想的存在，在思想的支配下，人的实践活动不断地作用于自然界，不断改造自然，使天然的自然逐渐带有了人的实践的痕迹，变成了人工的自然，也就是人化自然。而人化自然的过程，总免不了要对自然造成或大或小的创伤，人类一定要及时反哺自然，对自然的索取保持节制，控制在自然的再生能力范围内。

自然界向人类提供的资源，还有许多是不可再生的，对于这些资源必须节约使用，并积极研究出其替代品。如利用风能、太阳能就能在许多方面替代石油、煤的作用。

（三）人与自然和谐相处

人与自然的和谐相处，是和谐社会的基础。人与自然的这种相互影响相互作用构成的矛盾统一体，构成了丰富多彩的人类社会。正如马克思所说："社会是人同自然界的完成了的本质的统一。生态环境则是自然的有机整体，是人类生存和发展的基本条件。"

致力于保护生存系统的原则与中国古代"天人合一"的思想不谋而合，深刻警醒着人与自然相互依存与相互作用的关系。人与自然的关系不仅体现为人类对自然的影响与作用，也体现为自然对人类的影响与反作用。随着时代的发展进步，人类必须要意识到自己的需求一定要与自然界所能提供的资源数量相匹配，人类对自然的开发必须以最小的环境和资源代价来进行。在进行经济发展的同时，也应当通过维护自然界的平衡，以保证人类社会系统和自然生态系统的协调发展与和谐共处。人类与自然和谐相处，是人类历史的宝贵经验，是人类肩负着的重大使命与职责。人类与自然和谐相处，是相互促进发展、相互扶持发展的良性循环，只有人类与自然和谐相处，才能保持地球的青春活力，才能实现人类与自然的可持续发展，为子孙后代创造更好的环境。

二、构建人类全面发展的平台

在现代生态文明理念的指导下，只有社会的物质文明、精神文明、政治文明、生态文明建设都建设好了，人们才能从社会生态圈获取稳定的发展。

（一）发展的物质基础

现代化的社会，并不是物质贫乏、共同贫穷的社会，而是一个物质文明发达、全社会共同富裕的社会。物质文明和经济发展是一切发展进步的基础，物质文明不仅影响着社会主义政治关系、政治意识、政治行为、政治制度等政治文明建设的方方面面，也制约着社会主义的教育、科学、文化发展水平以及人们的思想道德水平。发达的物质文明建设为精神文明建设创造了条件。从某种意义上讲，政治文明也是经济发展到一定阶段的产物，这是因为，推动政治文明建设是一个系统的综合工程，需要投入大量的人力、物力，没有发达的物质文明提供支持，政治文明建设的各项具体措施必将搁浅，最多只能在低水平上徘徊。因此，我们还是要坚持以经济建设为中心，不断解放和发展生产力，离开了经济建设这个中心，物质文明上不去，政治文明和精神文明建设就有失去基础的危险，就会加大对生态环境的掠夺性开发，破坏生态文明的根基。当今世界，各个国家、民族、利益集团间的竞争主要是以经济实力为后盾进行的。我们只有紧紧抓住发展这个党执政兴国的第一要务，坚持以经济建设为中心，大力发展社会生产力，才能不断增强综合国力，保证我国在经济全球化条件下的激烈国际竞争中处于主动地位，维护国家的主权和独立，为促进世界和平与人类共同发展、构建和谐世界作出应有的贡献。

（二）发展的政治环境

政治文明是人们改造社会所获得的政治成果的总和，是在一定社会形态中关于民主、自由、平等以及人的解放实现程度的体现，是社会文明的重要组成部分。政治文明的发展和进化过程，是对政治权利及其资源合理整合的过程。发展我国的社会主义政治文明，最根本的是把坚持党的领导、人民当家做主和依法治国有机统一起来。今天，我们建设社会主义政治文明，既要体现为不断建设和完善的制度规范，又要表现为一种不断提升和前进的思想理论；既要体现为社会各个层次的井然秩序，又要表现为人们普遍享有平等、民主、自由等权利的复杂关系；既要体现为社会管理者以及社会成员政治上的高素质，又要表现为对人类共同的现代文明基本原则的尊重和崇尚。

（三）发展的智力支持

物质文明推动生产力的发展，促进经济社会的进步，实现全社会的共同富裕，还可以为人的全面发展创造物质条件。精神文明建设则对提高人的素质、培养物质文明建设的人才队伍具有特殊的重要性。社会主义精神文明为物质文明和政治文明建设提供思想保证和智力支持。建设社会主义精神文明，不仅是满足和提高小康社会人民群众精神文化生活水平的客观要求，而且是一个国家综合国力的重要组成部分。在推进经济、政治建设的同时，能否促进精神文明建设，促进人的全面发展，不仅直接关系到社会的协调、和谐与稳定，而且关系到能否为现代化建设提供持久的精神动力和智力支持，关系到经济、政治发展能否获得持续的后劲和扩张力。

（四）发展的前提和基础

社会主义的物质文明、政治文明和精神文明都离不开生态文明，没有良好的生态条件，人不可能有高度的物质享受、政治享受和精神享受。没有生态安全，人类自身就会陷入不可逆转的生存危机。生态文明是物质文明、政治文明和精神文明的前提。致力于构造一个以环境资源承载力为基础、以自然规律为准则、以可持续性社会经济文化政策为手段的环境友好型社会，实现经济、社会、环境的共赢，关键在于人的主动性。人的生活方式就应主动以节约为原则，以适度消费为特征，追求基本生活需要的满足，崇尚精神和文化的享受。从这个意义上讲，生态文明是社会文明体系的基础，是当代延续社会文明的必要条件。

现代化的社会是将社会方方面面有机协调，形成高效运转、功能充分发挥的系统。人们越来越多地感受到社会发展规律性、社会控制有效性和社会生活有序性的有机统一，将会从社会生态圈获取越来越多的物质条件、自由和发展的机会。

三、创建人的完善心理精神引擎

提到和谐，人们首先想到的是处理各种关系，即人与自然、人与人、人与社会之间的关系，但是实际上，人的自身和谐也是十分重要的。这就是说，促进和谐是要从我做起的，每个人都需要不断地提高修养，完善自我，要从精神生态圈创建人完善的心理引擎。

（一）走出物欲的迷阵

要让自然变得正常起来，要让生态环境变得良好起来，关键在于人，在于人能真正走出物欲的迷阵。

现代人借助工业文明的威力，疯狂地掠夺自然，就为了满足不断增长的需求。人心是一个填不满的黑洞。人们总会攀比那些比自己拥有更多的人，总会没有休止地去追求那些没有实际意义的名与利，还美其名曰：实现自我价值。而为了实现这样的价值，则挖空心思，用尽伎俩。对此，马克思进行了深刻的针砭：为了百分之三百的利润，甘冒上绞架的危险。物欲的无限膨胀，对自然的掠夺也就会变本加厉。

要走出物欲的迷阵，必须转变一种观点，即认为物质越丰富，人的精神面貌也会跟着变得越来越好。

从个人来说，忧郁竞争中被淘汰，忧郁生活中物质不丰沛，忧郁自己的生命不安全，忧郁生存的环境被侵犯，忧郁社会变化太快不适应……自然和社会的急剧变迁，生活节奏的加快，更容易引起人们急剧而持久的忧郁情绪。早些年，世界卫生组织一份关于抑郁障碍的报告记载：每年世界上至少有一亿人发生临床可查出的抑郁症，并且这个数目有逐渐增长之势。从这个意义上讲，忧郁症是一种"富贵病"，是物欲诱发出来的"富贵病"。

知识的富有容易产生抑郁。知识一无所有的人，是少有忧郁的。人类处于洪荒的暗昧之中时，面临凶险无常的大自然，挣扎在艰难竭蹶的生命线上，虽有本能性的生物性痛苦，但鲜有忧郁。而人类进入文明的白昼之后，对自然和社会认识得越透彻，就越多了忧郁的情绪体验。所以，心理学家认为，忧郁是渗着高自我知觉的情绪体验，是人类晚近才始获得的。亚里士多德就曾说，一切伟人都是孤独、忧郁的。而亚瑟·叔本华则更直接地点明忧郁的根底：知识越多越悲苦。

物质的富有容易增长忧郁。在农业文明里，人们过着自给自足的生活，尽管仅仅是食能果腹，衣能御寒，但人们已经很知足，而且在那种清贫的生活状况下自得其乐，与忧郁无缘。但是在社会进入高度物质文明之后，社会财富越增长，个人变得越富有时，忧郁症却越有可能发生。富足者忧郁财产缺乏保障，或者羡慕比自己更富足者。更重要的是，精神与物质的发展常常不同步，现代化生产，物质增长的频率大大加快，而精神与物质会形成一个大落差，使得个体行为与社会的要求明显脱节，担心个人跟不上社会发展的步伐而被时代淘汰，忧郁自然而生。[①]

（二）重建信仰

自身坚定不移信念的产物即为信仰，这是存在信念基础上的升华，使人不得不怀着一颗敬畏的心去敬仰。罗曼·罗兰说过："整个人生是一幕信仰之剧。没有信仰，生命顿时就毁灭了。坚强的灵魂在驱使时间的大地上前进，就像'石头'在湖上漂流一样。没有信仰的人就会下沉。"信仰是我们生命的真实感受和信心的绝对指向。没有信仰永远都将依然故我、墨守成规。有些人崇拜偶像明星，崇拜金钱，信奉宗教等，这些都是错误的信仰，真正的信仰会体现在多元的文化中，安放的心灵中，人类的精神财富中，只要你心中有信仰便可一路前行，无所畏惧，正所谓：心若向阳，无畏悲伤。

人是一个理想主义者，有了信仰，就有了把理想变成现实的动力。

---

① 傅治平. 心灵大嬗变——人类心理的历史构筑［M］. 长沙：湖南教育出版社，1997：351.

当前，在物欲冲击下的人们，理想淡薄了，变得世俗现实起来，这必定会为信仰的重建带来重重困难。但社会却不能放松这方面的努力，否则，没有信仰，精神家园始终只是建立在砂砾上。这绝不是危言耸听！

第二章　生态文明与现代化

党的十七大将生态文明确立为全面建设小康社会奋斗目标的新要求，就是要求社会主义现代化必须成为生态现代化。生态现代化是整个社会主义现代化的基本原则和发展方向。作为生态现代化成果集中体现的生态文明是社会有机体的整体文明。

第一节　生态现代化理论阐述

一、生态现代化理论含义

自哈勃提出生态现代化的概念算起，生态现代化理论已然发展到了第三代。不过，不同的学者对于生态现代化理论发展的分期有不同的标准和解释路径。大家比较公认的是：生态现代化理论的发展和成形得益于荷兰学者摩尔、哈杰，德国学者杰尼克、西蒙内斯（Udo Si-monis），英国学者科恩（Maurie Cohen）、墨菲（Joseph Murphy）以及澳大利亚学者克里斯托夫等众多学者的共同努力。他们的见解构成了生态现代化理论的经脉。

二、生态现代化理论的内容

西方生态现代化理论并没有一个统一的定义，但有一个共同的主张或观点：经济发展和环境保护能够实现双赢。

由于环境问题本身的极端复杂性，研究者对于生态环境问题产生的原因、影响及应对方式等，基于不同的立场、不同的研究视角、不同的文化知识结构而展开了激烈的争论，因而形成了生态现代化理论的不同流派，同时也因时代的进步、问题的复杂多变性和个人知识结构的不断变化，各个流派及其代表人物的观点也不断调整。

（一）环境政策研究的柏林学派

生态现代化理论的柏林学派，是指 20 世纪 80 年代柏林自由大学社会学研究中心的部分学者所组成的学术研究团体，他们在生态现代化理论研究领域提出了一系列主张。生态现代化一词就是由该学派代表人物胡伯正式提出并使用的。该学派的理论研究从最开始的单一行业内的研究逐步发展到民族国家和全球范围研究。其主要代表人物是约瑟夫·胡伯和马丁·简尼克。

1. 约瑟夫·胡伯的技术创新和超工业理论

所谓的生态现代化理论，即"生态转型的经济主题是通过新技术和更加智慧的技术实现生产和消费周期的生态现代化"[①]，即通过技术创新和进步来推动生产转型；再以生产转型推动消费转型，进而实现生态现代化，也就是经济生态化。通过开发使用新技术改变传统的"末端治理"原则，建立清洁生产过程机制。再就是利用生态现代化理论，将自然资源、环境、生态系统作为经济计算因素纳入经济核算体系，并赋予其价值，使这些因素在经济决策和经济计算中成为一个重要因素，也就是生态经济化。

通过经济生态化和生态经济化两个过程推动生态环境的良性循环。随着经济全球化和生态现代化的全球发展，全球以民族国家为单位开始共同处理生态问题，胡伯的超工业理论也取得了发展。该理论认为，工业化国家应该推行工业生产的生态转型，使丑陋的工业毛毛虫蜕变为美丽的生态蝴蝶，具体通过技术创新来有效利用资源、解决环境问题。同时，各种技术的创新、使用和推广都需要有先进的示范型国家，同时跨国公司也成为推广先进技术理念的一个新的载体，在生态现代化理念和实践的全球推广中扮演着重要的角色。胡伯将其超工业理论延伸到民族国家和跨国公司，在全球范围内的行业领域实现经济新转型，实现全球范围内的经济生态化。

---

① 李彦文. 生态现代化理论视角下的荷兰环境治理 ［D］. 山东大学博士论文，2009.

2. 马丁·简尼克的转型理论

马丁·简尼克是最早提出生态现代化概念的学者之一，是柏林学派的代表人物，其与团队成员通过考察国民经济与资源消耗之间的变量关系，发现了经济行为对生态环境的影响，并提出通过宏观结构调整而取得经济利益，其战略分为"补救型"和"预防型"。"补救型"战略首先对已经造成破坏的环境进行补救恢复，其次利用技术在生产领域进行修复，以减少产品生产或产品后续对生态的破坏。"预防型"战略通过技术创新，创造出对生态和环境资源无害或微害的产品和生产过程，这是微观层次；在宏观方面，通过社会转型、消费转型开创出新的生产和消费模式以取代原来对生态环境有危害的环节。此外，在宏观上，马丁·简尼克还主张减少自上而下的指挥式管理，而是采取分散化、协商型的管理模式，使民主化、生态化、科学化相结合，以更好地推动生态现代化。

（二）荷兰生态现代化理论

荷兰生态现代化理论研究，以荷兰瓦格宁根大学环境政策系的环境政策小组最为出名，其主要代表人物是亚瑟·摩尔。此外，马腾·哈杰也是荷兰著名的生态现代化理论学家。

1. 亚瑟·摩尔的社会变革理论

亚瑟·摩尔认为，生态现代化是需要靠社会转型和生态重建来实现的社会变革理论。①

首先，科技是实现生态现代化的重要推动力。科技的进步一定程度上影响甚至推动了生态环境的恶化，但这并不是造成生态问题日益恶化的首要原因，科技本身并无善恶好坏之分，只要调整科技的发展方向，把科技引导到生态的道路上来，就能够成为生态现代化的推动力。

其次，经济、市场机制以及经济体作为生态现代化的社会载体，必须重新调整定位以适应和推动生态现代化的进程。在摩尔看来，经

---

① 杜明娥，杨英姿. 生态文明与现代化建设模式研究 ［M］. 北京：人民出版社，2013：147.

济发展和生态质量并不是相互对立的，而是相互依赖、相互生存的。现代经济制度需要在性质、要素等各个方面发生根本性的变化以和生态现代化相适应。为此，摩尔指出，现代经济制度和机制是能够按照生态理性准则进行改革的，资本积累和政府环境保护行动规定之间并非如传统观点所以为的那样是根本冲突的，相反，通过生态化将生态环境受到的影响内化为经济成本，正是生态现代化得以实现的经济机制之一。

最后，摩尔否认了在生态现代化理论中政府在环境改革中的"中心作用"的观点。摩尔极力反对政府在经济过程中的主导作用，但这并不意味着摩尔否认政府在经济活动中的不可或缺的作用。因为政府的环境政策对生态现代化有着极大的作用，在生态现代化的多层次参与者中，政府是极其重要的一层，但不能成为唯一的一层，还需要各个社会团体、经济组织、经纪人的广泛参与。批判政府在环境改革中的中心作用的观点，可以使更多的参与者进入生态环境保护的行列，来实现政府、社会的转型。摩尔通过总结以前的相关研究成果，利用批判与反批判的方法总结出自己的社会转型论。

2. 马腾·哈杰和克里斯托弗的两型论

马腾·哈杰在很多人看来并不能称为一名生态现代化理论学家。他从话语分析的角度为人们打开了一扇新的研究生态现代化的大门。他认为，生态现代化是一种环境问题的现代主义和技术主义的解决方案，要求技术和制度相结合解决环境问题，实现经济和环境的双赢[①]。当然这种观点是建立在生态改善与经济增长能够和谐发展的前提下的。从中我们可以看出马腾·哈杰的观点，认为在不改变现有社会制度性质的前提下是可以实现生态现代化的，生态环境问题可以在现有的政治框架内得以解决，只需要将生态现代化理论纳入到政治决策框架中。最后，哈杰提出了反省式生态化，即不仅要对过度的现代化进行反省，还要对以后的现代化进行监督控制，强调公众的参与性，要求通过提高公众参与决策能力、通过吸取公众意志来决策。

---

① 李彦文. 生态现代化理论视角下的荷兰环境治理 [M]. 山东大学博士论文，2009.

克里斯托弗的"弱化论"与"强化论"可以被看作是对马腾·哈杰的生态现代化理论的完善，并使马腾·哈杰的理论更加清晰。"弱化论"在克里斯托弗看来是指单纯在技术层面，由政府、社会、团体、经济体以经济技术发达的国家为目标，共同决策，制定政策，推动经济与生态的发展。"强化论"则是针对社会结构的优化，是指对经济和社会组织的结构进行调整重组，使更多的参与者参与进来共同决策，使之对生态环境问题能够迅速作出反应，将目光投放到全球生态环境中，并与政治、经济、文化等多领域相结合。

（三）英国生态现代化理论

严格意义上来说，英国的生态现代化理论不能称为流派，最起码在学术界还没有这样的称呼，不过在英国确实出现了不少对生态现代化理论的发展作出突出贡献的专家学者，比如约瑟夫·墨菲、墨里·科恩等。

1. 约瑟夫·墨菲的生态现代化理论

约瑟夫·墨菲认为，生态现代化应该从两个方面进行转变，即通过政府政策对经济结构进行战略调整，政府在制定环境政策时应当着重考虑对生态环境的影响，真正将经济发展与生态环境结合，调整经济结构向知识密集型和服务型发展，扩大第三产业的国民经济比重，减少资源密集型和对环境影响破坏严重的经济的比重，淘汰那些无法与生态环境目标相协调的行业。另外，微观上，政府与各经济行为主体共同参与制定修改行业规则，利用规则的引导作用来鼓励和推进新技术、新的生产方式和管理方式加入到生态现代化当中来，以经济主体参与和技术推动来促进生态现代化。

2. 墨里·科恩的生态现代化理论

墨里·科恩的主要贡献是梳理出生态现代化的六个基本原则，第一，超工业化原则。即采用现代技术，减少经济发展对生态环境的破坏，使经济发展进入新的轨道模式。第二，政府管理原则。由于市场自身的缺陷，市场参与者（经济行为主体）很难对环境生态的污染破坏做出有效防治，因而政府必须扮演重要角色以阻止生态环境恶化，迫使经济行为主体的经济行为向生态化方向发展，从而创造出良性的、生态的生产模式。第三，综合污染管理原则。通过综合污染管理原则可以克服污染在生物环境里的转移，这个过程是生产和管理过程再设计的一部分。第四，预防性原则。经济行为主体和政府职能部门制定预防计划，减少或避免生态环境被破坏，同时在管理生态环境问题时能够及时有效地处理污染和灾害。第五，环境责任制度化原则。在经济组织和政府职能部门内明确环境责任，将生态环境列入议事日程，并实行问责制。第六，决策网络化。生态现代化要求政府、经济行为主体等广泛参与，必须建立能够使各参与者参与到生态环境政策决策的平台，工业、非政府组织和公众需要建立建设性关系，使决策建立在良好信任和自由信息交换的基础上。

　　以上是各个国家生态现代化理论学者的主要观点，各位专家学者通过他们的观点和理论告诉我们，政府、技术、法令、经济行为主体和非政府组织在生态环境保护中扮演着各自不同的角色，发挥着各自的作用。同时，各个学者——从蕾切尔·卡逊到如今的各生态现代化研究团体，以他们的思考和探索唤醒了公众的生态意识。生态现代化过程从侧面来看，是从公众的生态意识觉醒到生态环境保护行为发生，再到最终实现生态现代化目标的过程。

　　西方生态现代化理论研究者通过各自的知识架构和立场以及现实发展的变化不断完善自身理论，尽管因为各种因素使得各位学者的观点不尽相同，通过比较我们不难发现共通之处，比如，技术进步对生态现代化的推动作用，政府调控对生态现代化的规范作用，公众参与等基本要素是必不可少的等。

三、生态现代化理论的基本特征

　　摩尔的观点承袭了哈勃的社会转型论，认为生态现代化理论在本质上是一种关于社会变革的理论，其主旨在于研究社会和制度的转型。科恩（M. Cohen）则认为生态现代化理论是一组"原则"集合，包括"超工业化"原则、政府管理原则、综合治理污染原则、预防原则、环境责任制度化原则、决策网络化原则等。

第二节　现代化进程中生态危机的衍生

一、生态危机是现代化文明发展的困境

（一）生态危机的定义

对自然界进行特定的改造是人类满足生存需求的必要步骤。由于在古代经济与文明并不发达的背景下，人类无法应用更科技的方式从自然中汲取生存资源，就像是被束缚在资源丰富的牢笼中，尽管如此，人类也要用尽浑身解数来利用周围的自然资源，只要有砍伐就必定有伤害，再丰富的资源也有竭尽的时候，在古巴比伦和古罗马时代，生态环境的问题逐渐出现在人们身边，但是由于损坏的规模和范围并不是特别严重，所以这一警告并未引起人类太大的注意。随着科技的发展变化，人类渐渐从古文明步入工业时代，资本主义和机器化生产成为当代的新潮，但同时人类也不得不更加深入地利用自然资源，仿佛成为人类文明进步的必要代价，日复一日，自然资源逐渐被人类过分地开发而掏空，生态问题开始层出不穷，土地沙化、全球变暖、资源匮乏等问题成为人类生存的威胁。由于人类多年来不合理地开发自然资源，从而破坏了生态系统中自然能量与物质循环的平衡状态，导致人类的发展与生存受到灾难性的胁迫，这种现象被定义为"生态危机"，人类失去了与自然的平衡关系，随后出现了生物多样性骤减、臭氧层空洞、土地荒漠化等严峻的环境问题，人类应该反思自己的行为，及时采取措施挽救我们曾经地广物博共同的家园。

1. 环境污染和风险日益严峻

人类为了满足工业时代对于资源的需求，不得不过度开发自然资源，科技与机器所带来的变革优缺兼备，过分采伐的程度已经超过了自然的承载能力，在 20 世纪爆发的环境污染问题给人类敲响了警钟，人类逐渐意识到采伐应与保护同行，这不仅是人类保护环境的责任，更是回馈自然的义务。然而随着工业时代的进一步发展，人类对于资

源的需求也逐渐增加，终于在 20 世纪 80 年代，美国三里岛核事故和前苏联乌克兰切尔诺贝利核电站泄漏事件爆发，给人类在经济上和环境上都造成了与以前无法相提并论的损失。

2. 能源资源进一步稀缺

为顺应工业与科技时代发展，满足人类为自身发展的需求，不得不加大对自然资源能源的开发，然而能源稀缺也成为人类生存发展的一大难题。

工业革命对于石油、煤炭、天然气的需求用量超乎人的想象，而早在 1820 – 1920 年，煤炭资源就已经面临稀缺乃至枯竭，人类要将重心放在清洁利用技术上，也许还有挽救的余地。科学家也预测几乎所有的能源资源在 2050 年将退出历史的舞台，根据现状估测，50 年内石油尚可使用，煤炭可使用 80 ~ 100 年，原子能在 60 ~ 70 年。所谓物以稀为贵，原子能一直是各个国家虎视眈眈的目标，随时都有可能因为扩充国家实力而发起战争。人们为了解决现状，开始研究风能、水能、潮汐能、核能、页岩气等，然而生产成本高且局限性太大，例如，太阳能的利用是太阳能电池，但是体积大、效率低、成本高，人们无法进一步扩大生产，所以这一类自然能源无法深度开发利用，相较而言，人类更是陷入能源危机严峻的窘境。

3. 生态系统失衡日益明显

全球生态系统是在森林、湖泊、海洋、大气层的多方平衡制约之下，才可稳定调节运行。于是人类生活才可处在平稳的状态中，紫外线强度、降雨量、洋流活动都与人类生存息息相关，而季节气温差、昼夜温差和区域温差因此相差较小，适宜人类生活。可是，人类过度开发的行为使生态系统调节能力失衡，海洋资源与森林资源匮乏，无法维持制约的状态，所以人类的生存环境也发生了巨大的变化，受到了严重的威胁。

首先，人类过于依赖自然资源，过度的开发超过了生态系统的恢复能力，这一现象被定义为"生态严重超载"，世界自然基金会的研究报告称，由于人类的过度行为，超越了近 1/3 的地球承载力，然而生态资源已经拮据的国家占到全球的 3/4，说明这些国家的人们已经将自然资源逼迫到无法恢复的境地了。

其次，人类对于自然资源的过度采伐导致生态系统无法平稳地调节运行，从而恢复速度越来越慢，可利用资源越来越少，导致人不敷出，生态失衡。其中，大陆面积本占全球的60%，但由于人类不停地扩展生存范围，伐树开垦，大面积森林急剧锐减，土地沙化和荒漠化，沙化面积占到29%，干旱半干旱土地占到50亿hm^2，33亿hm^2土地正遭受威胁，甚至几百万亩的土地已被放弃耕种放牧，这些刺眼的数字反映出生态问题威胁的不仅仅是所处环境，还有经济和社会问题也应引起重视。另外，由于水土流失，河道运输的泥沙从每年100亿t逐年增加到250亿t，导致可耕种土地损失300万hm^2。而且，由于人类的开垦行为使很多生物失去了栖息场所，这些生物都是生态系统中必不可少的一部分，但却在逐渐减少，为人类的行为买单，生物多样性的减少使人类逐渐在地球上成为一种孤独的存在。

最后，人类过多侧重于发展工业，消耗了过多的能源资源，从而产生了过多的二氧化碳、甲烷等导致温室效应的气体，导致生态系统中碳循环与调节能量转换的失衡，造成了全球变暖的环境问题。

（二）现代文明社会的趋向：疏离自然

现代化发端于西方发达国家，但是由于现代生产方式的内在扩张性，导致其对所有传统社会造成了前所未有的巨大冲击。可见，现代化是一个不可逆的历史过程，所有的国家，无论是发达国家还是发展中国家，或早或晚都不可避免进入现代文明社会。

1. 现代社会的不可逆性及发展悖论

文明是一种悖论性发展，现代社会是在深刻的矛盾中不断发展的。现代社会具有"双刃剑"性质，给人类生存带来挑战与机遇并存的复杂格局。人类在享有富足的物质生活的同时，也面临着精神失衡、生态环境危机的代价。一个社会向现代社会转变的过程就是现代化。从根本上说，现代化运动本身具有价值的二重性，理性化、工业化、市场化、城市化、民主化、法制化是现代化的价值要素，但实践中却出现了双重性。比如，现代化既大大改善了我们的生活条件，也破坏了我们的生存环境；既丰富了人类的物质文明，也物化了人的精神世界。

而且，现代社会具有扩张性，全世界所有民族国家，不管是否愿意，都会不断发展成为现代社会，而现代社会本身具有的多重价值也不可避免地导致全球生态危机的出现。因此，我们必须针对现代社会的这一性质，发扬现代社会的美好方面，抑制现代社会的负面影响的扩散，同时，寻找一条超越之路。

2. 工业化生产方式具有疏离自然的趋向

工业革命触发了资产阶级革命，而资产阶级革命的胜利巩固了工业革命的成果，并进一步推动了工业文明的扩张。资本主义生产方式是以工业化为主导的，以市场竞争和自由贸易为特征的发展模式。这一发展模式大大推动了工业文明的扩张，形成世界性的现代化运动。现代工业化生产方式之所以能够在全球蔓延，原因在于以下四个方面：第一，现代生产力的发展促成了全球的市场交易和贸易往来，不同的地区和不同的民族迅速联系在一起，使地球成为一个村落。第二，现代生产力的物质生产形式是大规模商品生产而不是小规模产品生产。这种规模化、流水线式的生产方式，由于新技术的发明和机器的应用，大大提高了劳动效率，降低了产品成本，打开了商品的世界销路，现代商品经济的市场扩张成为世界市场，形成了国际竞争性发展的新格局。第三，现代资本主义生产方式使农业社会从属于工业社会，使东方从属于西方，形成了殖民扩张。第四，现代生产力所需求的科学知识系统形成，文化的内容、结构和传播方式都发生了重大变化。可见，现代生产方式的扩张性本能在全球推行现代生产方式的同时，也造成了全球生态危机的出现。

（三）现代文明社会的价值动力

工业化生产方式具有扩张的本性，但是如果这一生产方式不能得到社会价值观的认同，不能获得其合理性和正当性，这一生产方式的传播也会受到阻碍，全球性生产方式扩张就难以推进。换句话说，传统社会也存在着市场经济和科技运用，但是为什么没有出现市场经济无国界的扩张呢？或者说为什么没有出现科学技术无限运用于人类生活和市场机制无限制扩张而导致生产力的超增长呢？金观涛认为在传统社会，经济不能超增长的主要原因是市场经济的发展及科技的应用缺乏价值上和道德上的终极正当性，传统社会缺乏市场经济和科学技术发展的土壤，它发展到一定程度就会和社会制度及当时的主流价值观发生冲突，不得不停顿下来。而现代工业文化为人类大规模地改造自然、追求经济的超规模增长做好了准备。现代社会完成了价值系统的转化，经济的无限扩张获得了正当性和制度保障。离开价值系统和正当性标准，是无法认识现代性本质的。

现代社会通过"工具理性"和"个人权利"建立起体现现代性本质的全新价值，推动现代化发展。这要从文艺复兴运动说起，高扬科学精神和人文精神大旗的西方文艺复兴运动是现代资产阶级文化发展的启蒙，是一场在人类思想领域的大解放运动。西方文艺复兴运动是对中世纪神学的反思和批判，以人性对抗神性、以科学否定迷信、以新道德否定旧道德，大大提升了人的主体地位，并将理性作为评判事务的根本尺度。这被认为是现代化的内在精神动力。

二、生态危机的本质和特点

关于爆发生态危机的原因众说纷纭，更有学者进行了特定的研究分析。为促进人类经济增长，人类中心主义世界观、社会政治制度和人性贪婪本性的体现等都与生态危机联系起来，这些根源的本质在不同程度上都是为人类进步而所付出的代价。

（一）生态危机的显露特点

1866 年德国生物学家海克尔提出生态学的定义是研究生物与周围环境关系的学科，而想要研究生态危机的特征就要以一定的相关理论为基础，20 世纪上半叶主要研究生物与自然环境的关系，进入了发展阶段。而下半叶则将重心放在人类与生态学的关系上，涉及人类文明对环境的影响，将所产生的的区域性全球性生态问题归纳在人类生态学之中。王如松是中国科学院的院士，他认为"生态系统与物理系统相较而言，内部系统更加复杂不可操控且具有自我恢复的特点，却容易被外部不确定因素影响，它能在自身失去平衡时，按照独有的非中心式自我调节的方式有序调节自我内部结构"。这一特点足以左右生态危机演变的方向。

1．系统的整体调节

生态系统是一个复杂的整体的存在，生态系统中的每一环都是重要的结构，环环相扣才组成了完整的生态系统，每个部分都会发挥不同的作用，不存在独立运行的说法，而生态危机并不是其中某一环的作用失调而导致其他结构的失衡，而是因为生态系统中整体的结构与功能发生变化，才导致一连串的系列反应。例如，冰川融化、海平面上升等环境问题是因为全球变暖造成的，所以说，生态危机也具有"蝴蝶效应"，它的系统性和整体性给生态系统带来不可忽略的影响。

2．烦琐性

生态危机与生态环境具有密切的关系，生态系统具有的烦琐性使生态危机也有相同的特性，首先，生态危机问题包括水土流失、生物多样性减少、温室效应等复杂的表现形式。其次，无法预测生态危机引发的后果，牵一发而动全身，多重因素表明生态危机具有无法预测的烦琐性。

3．无法复原性

生态系统存在于一个开放的自然环境中，不停地与自然物质进行转换、更替才可以完成对自身的复原，才能保持能动性。与此同时，修复与损失在一定限度之内本可以同时进行，完成物质补充和能量转换，这是生态系统自身具有的自我调节能力。但如若超过了特定范围，破坏速度大于修复速度，系统可能无法正常进行复原，长期下去，就会出现生态危机，这也是人类不停开发资源导致环境问题的原因所在。

（二）工业过分依赖自然资源而导致的生态危机

当人类站在第三方角度去探究人与生态系统的关系时，便可以发现生态危机的深层原因与工业文明密切相关，人类与自然的关系向来似乎就不是平等的，人们一直用着站在食物链顶端的权利一味地从自然中汲取需要的能源，随着科技的进步，人们的手段变得更加高效且实用，又随着对财富物质需求的增长，对自然的利用开始更进一步的猎取，久而久之，从改造自然的过程逐渐演变成掏空自然，从合理的开发进行到伤害的地步，更是从手工业到机器工业的跨时代破坏，造成如今人与自然冲突矛盾的现状，就像汤因比所说的那样："英国的工业革命打破了人与自然的平衡关系，使人类与自然的地位发生了改变，人类拥有了可以主宰自然的力量。"工业化的起源来自于西方世界发达资本主义国家追求经济扩展的目标，社会化生产是现代工业文明最显著的特点，而如今，工业的全球化使很多国家不得不步入机器时代，侧重于发展现代文明，所以，导致生态危机的出现，也可以认为，是现代工业的全球化传播导致了生态危机的日益严重。

第三节 生态现代化的全球"实践"

20世纪六七十年代以来，随着环境信息的传播和环境运动的发展，环境保护在很大程度上已经成为全球性的社会趋势。很多国家先后启动了环境立法、设置环境保护机构、开展多种多样的环境保护工作。生态现代化理论家们认为这些都是生态现代化的重要表征并将其作为生态现代化的"实践"予以研究。

一、发达国家的生态现代化"实践"

由于西方国家的长时间实践，得出的生态现代化理论，无论对过去还是将来都有着非凡的意义，总结前人的经验，为将来的发展借鉴。西方发达国家经过长期的实践早已积累了一定的财富基础，又具备一定的经济条件能提前采取保护环境的措施，在资本主义统治下更做出了改革，而且保护效果十分显著。自从20世纪八九十年代以来，发达国家在发展自身经济实力的同时也注重环境的保护，多方面使用清洁能源，减少能源污染，提高使用效率，缓解了一定程度上的环境压力，真正做到发展与节能同行，为减缓生态危机做出了不可忽略的贡献。

德国是现代化进程最早发生转型的国家之一，这也是生态现代化理论在德国最先被提出的重要背景。德国推行的以下一些重要举措都被认为是生态现代化的成功实践①：

第一，在发展战略层面，德国确定了以"预防"代替"修补"的原则，积极鼓励企业按照清洁生产的要求，采用新的具有环保理念的

---

① 德国的生态现代化实践备受中国学者的青睐。他们大都希望德国的具体实践能够起到某种示范作用。如陈烈、李单燕：《生态现代化与广州市可持续发展》；刘西尧：《生态现代化——欧盟轮值主席国的环保策略》等。

设计以及新的节能、绿化设备，并出台相应的政策措施，以加强预防工业污染和浪费的力度，实现环境保护关口前置；

第二，在环境治理模式层面，德国重视公众参与和社会组织之间的合作，致力于切实提升公众的参与水平，增加政府决策的透明度，敦促企业作出环境保护的各种承诺，基本形成了"公众—政府—企业"有效协作的经济发展与环境治理新模式；

第三，在政策制度层面，德国注重促进环境政策整合，加强执行"污染者付费"原则，建立和健全有关环境治理的法律法规体系，持续推进环境建设进入政治议程，积极促成国家化的环境保护与经济发展框架协议。特别是德国以"生态税"的实施为突破口，利用经济手段调节公众和社会组织的环境行为，调整能源资源价格，使企业、公众从经济的角度形成了一种保护生态环境的自律，在节能减排、能源替代等诸多方面确实产生了明显的积极效果。

二、转型和发展中国家的生态现代化"实践"

自 20 世纪六七十年代以来，环境保护已经演变为一种全球性趋势。生态现代化理论倾向于将这种趋势看作是现代化的生态转型。但是，在发达国家之外的其他经济体中，正在发生的社会经济变革是否是基于西欧实践建构的"生态现代化理论"的实践版，实际上存在着很大的疑问。一些学者对这些国家的研究表明，生态现代化理论预期的形式似乎出现了，但是其内容却差异很大。甚至，这些国家的实践直接挑战着现代化的一些理论命题。

生态现代化理论家针对其他发展中国家实践的研究同样揭示了西方原版生态现代化理论的局限。尽管发达国家（主要指欧洲）所出现的生态现代化取向的制度转型也可以在一些发展中国家看到，但是受国情影响其不同之处也很明显。乔斯·弗利金斯（Jos Frijns）、冯瑞芳（Phung Thuy Phuong）和摩尔等人针对越南实践的研究就已表明：在国家与市场关系、技术发展和环境意识等方面，都可以看到与生态现代化理论假设不一样的差异。他们指出：对于分析越南环境改革的过程和努力而言，生态现代化理论的价值是有限的。生态现代化理论如果试图勾勒出一种可行的环境改革路径，需要结合不同国情和制度发展而加以改造，创造出具有地理变异性的生态现代化模型。

三、中国的生态现代化研究与"实践"

中国作为世界上最大的发展中国家，长期以来致力于实现国强民富的复兴之梦。中华人民共和国成立为中国经济发展和社会进步奠定了良好的政治条件。自 20 世纪 70 年代末改革开放以来，中国经济发展进入了"快车道"，取得的成绩引起世人瞩目。与此同时，中国环境衰退也触目惊心，经济发展与环境保护之间的矛盾日益突出，同样也引起世人瞩目。

事实上，在经济发展的同时保护环境，实现经济发展与环境保护双赢，是中国政府长期确立的基本国策。早在 1972 年 6 月 5 日联合国召开第一次人类环境会议之后的第二年，中国政府就组织召开了第一次全国环境保护会议，迈出了中国环境保护事业关键性的一步。1979 年，在启动经济改革开放后的第二年，中国政府就颁布了《中华人民共和国环境保护法》（试行），并在 1983 年召开的第二次全国环境保护会议上明确将环境保护确定为基本国策。

中国政府在经济发展的过程中不断重视环境保护工作，这也吸引了一些生态现代化理论家们的关注，他们试图检验中国是否为生态现代化的新案例。摩尔和卡特（2006）以及摩尔本人（2009）都曾在有关论文中指出中国正在发生的与生态现代化比较一致的一些环境改革：环境国家的能力已经显著扩大，政治领导人对于应对环境危机有着更加明确的意识和承诺，市场信号日益反映了自然资源的完全价格和某些环境外部性，环保法律法规体系建设有了加强，环境污染治理投资快速增加，公众参与以及与政府合作有了更多的机会和空间，环境信息公开有了更有效的保障。

第三章　中国生态文明建设的理论资源

长久以来，成为一个经济社会进步、生态环境良好的现代化社会一直是中国人民所渴望的，但是这个艰难的转化过程并没有我们想象的那么简单。马克思主义的指导、中国传统文化的影响以及西方资本主义优秀成果的借鉴显然已经成为这一过程中不可缺失的一部分。除此之外，这个过程中更艰辛的就是化解现代化进程中的生态危机，第一，必须实现人与自然的和谐共生，然而这一思想资源的追溯却离不开马克思和恩格斯；第二，面对资本主义的发展所带来的生态危机，马克思的后辈们站在马克思与恩格斯观察和思考问题的立场之上，将马克思主义与生态学完美结合，推出了生态马克思主义理论，为当前生态文明建设提供了完美的理论支持；第三，中华上下五千年，先辈们早就悟出了人与自然的奥妙，因而在时代长河的发展中，中国形成了自己独到、传统而又丰富的生态文明智慧。

第一节　马克思主义经典作家的生态思想

一、人与自然的一致性

自然界的存在物，特别是人，是不能够独立存在于自然界与社会之外的。人是自然界的一部分，必须与自然界进行物质能量信息的交换，才能够生存和发展下去。

这是主体间的相互依存关系的本体论论证。"人直接的是自然存在物。人作为自然存在物，而且作为有生命的自然存在物，一方面具有自然力、生命力，是能动的自然存在物；这些力量作为天赋和才能、作为欲望存在于人身上；另一方面，人作为自然的、肉体的、感性的、对象性的存在物，同动植物一样，是受动的、受制约的和受限制的存在物，就是说，他的欲望的对象是作为不依赖于他的对象而存在于他之外的；但是，这些对象是他的需要的对象；是表现和确证他的本质力量所不可缺少的、重要的对象。"人直接的是自然存在物，包括能动和受动两个方面。人只有通过现实感性的对象才能够表现自己的生命，即表现和确证人的本质力量的对象是不依赖于人而存在于人之外的。一方面，人是一种能动的存在物，有生命力、自然力，表现为人的天赋、才能、欲望等。另一方面，人是一种受到限制的受动的存在物，欲望的对象是满足人的需要，确保人的本质力量必不可少。人只有凭借现实的感性的对象才能够表现自己的生命，比如饥饿、性欲。

"人对人的直接的、自然的、必然的关系是男人对女人的关系。在这种自然的类关系中，人对自然的关系直接就是人对人的关系，正像人对人的关系直接就是人对自然的关系，就是他自己的自然的规定。因此，这种关系通过感性的形式，作为一种显而易见的事实，表现出人的本质在何种程度上对人来说成为自然，或者自然在何种程度上成为人具有的人的本质。"人与自然的关系实际上就是人与人之间的关系。而人与人的关系是通过自然属性来展现的，这种自然性的展现是人与人之间的关系在自然方面的反映；从自然界的基点上看人与人的关系，在人与自然的关系中也体现了人与人之间的关系，人的某种自然的行为在一定程度上成人的行为，或者是人的本质在何种程度上成为自然的本质，这个时候，我们就可以说，人的本性和自然界是统一的。

当个人的存在和社会的存在相统一时，即当人的本质等于自然的本质，当人的自然的行为成为人的行为，人自然的需要就变成了人的需要，个人变成了别人的需要，别人同时也是自己的需要。这时对私有财产积极的扬弃，不过是私有财产的变相表现而已，是一种把私有财产作为积极的共同体确定下来的卑鄙的表现而已。

二、人类活动对自然的影响

人类与自然界之间是作用和反作用的关系，人类对自然界的作用在于人类的主观能动性，自然界对人类的反作用则体现在自然对人类的报复及非人化的完成上。人类是自然界的一部分，自然界就是人类自身，这就决定了我们对待自然界应该和对待人类自身一样。恩格斯指出："由动物改变了的环境，又反过来作用于原先改变环境的动物，使它们起变化。因为在自然界中任何事物都不是孤立发生的。每个事物都作用于别的事物，并且反过来后者也作用于前者，而在大多数场合下，正是由于忘记了这种多方面的运动和相互作用，就妨碍了我们的自然研究家看清最简单的事物。"[①] 人类与自然界之间的作用是相互的。人类对自然界发生影响的同时，自然界也在对人类产生潜移默化的影响。

随着科学技术的发展，生产工具的改进，人们对自然界及其规律的认识在不断加深，对自然界施加反作用的能力也在不断增强。"而人所以能做到这一点，首先和主要是借助于手。甚至蒸汽机一直到现在仍是人改造自然界的最强有力的工具，正因为是工具，归根结底还是要依靠手。但是随着手的发展，头脑也一步一步地发展起来，首先产生了对取得某些实际效益的条件的意识，而后来在处境较好的民族中间，则由此产生了对制约着这些条件的自然规律的理解。随着自然规律知识的迅速增加，人对自然界起反作用的手段也增加了；如果人脑不随着手、不和手一起、不是部分地借助于手而相应地发展起来，那么单靠手是永远造不出蒸汽机来的。"[②] 动物对于地球的影响是有限的，而人的影响却是很大的。由于人们对自然规律的认识程度和认识能力都大幅度提高，所以对自然界的改造和破坏也往往是巨大的。人的改造活动与人的主观能动性的发挥是密切相关的，是人的主观能动性的表现和发挥的结果，加上自然界提供的基本物质条件，因而创造出了许多自然界原来没有的东西。如果这种改变有益于自然界，就会促进自然界的发展；反之，则会产生巨大危害。这也是当今生态危机

---

① 中共中央编译局. 马克思恩格斯：第4卷 [M]. 北京：人民出版社，1995：381.

② 中共中央编译局. 马克思恩格斯：第9卷 [M]. 北京：人民出版社，2009：421.

中的一个迫切需要解决的重要问题。

三、人与自然关系的异化

在私有制条件下，工人阶级为了获得维持生存的资料，必须出卖自己的劳动力给资本家，而出卖劳动力的过程，实际上为资本家创造更多的使用价值、获得微薄工资的一种过程，由此导致了人与人、人与自然关系的各种异化。马克思认为："工人在这两方面成为自己的对象的奴隶：首先，他得到劳动的对象，也就是得到工作；其次，他得到生存资料。这种奴隶状态的顶点就是：他只有作为工人才能维持自己作为肉体的主体，并且只有作为肉体的主体才能是工人。结果是，人只有在运用自己的动物机能——吃、喝、生殖，至多还有居住、修饰等——的时候，才觉得自己在自由活动，而在运用人的机能时，觉得自己只不过是动物。动物的东西成为人的东西，而人的东西成为动物的东西。"这时，人已经被劳动所异化，被自己的劳动对象异化。工人在获得劳动对象和生存资料的过程中，成为自己对象的奴隶，即当他在运用自己的动物机能时，感觉自己是人，而在运用人的机能时，却感觉自己是动物。

如果人在生产过程中，在运用人的本质力量进行生产的时候，这个劳动却不属于自己，那它肯定属于别的什么存在物。这个存在物占有了工人的劳动过程，实际上已经占有了工人的自然身体和附着在身体上的技术、精神、意志、情感等。马克思指出："如果说劳动产品对我说来是异己的，是作为异己的力量同我相对立，那么，它到底属于谁呢？如果我自己的活动不属于我，而是一种异己的活动、被迫的活动，那么，它到底属于谁呢？属于有别于我的另一个存在物。这个存在物是谁呢？是神吗？确实，起初主要的生产活动，如埃及、印度、墨西哥的神殿建造等，是为了供奉神的，而产品本身也是属于神的。但是，神从来不单独是劳动的主人。自然界也不是主人。而且，下面这种情况会多么矛盾：人越是通过自己的劳动使自然界受自己支配，神的奇迹越是由于工业的奇迹而变成多余，人就越是不得不为了讨好这些力量而放弃生产的欢乐和对产品的享受！"所谓的异己，就是不属于我的，这是最浅显的理解。人类对于自然界的支配力量越强大，人就越会在生产劳动中丧失作为人的本质活动的最原始和最美好的东西，就会越来越异化，更不用说人成为自然界主人的梦想了，因为这个时候的人已经离自然界越来越远了。作为劳动主体的工人的劳动不属于工人的事实，是工人阶级不自由的重要表现，是资本家给工人阶级套上的无形的枷锁。

四、未来人类社会的理想状态

共产主义社会是人的异化的一种回归。"共产主义是对私有财产即人的自我异化的积极的扬弃，因而是通过人并且为了人而对人的本质的真正占有；因此，它是人向自身、也就是向社会的即合乎人性的人的复归，这种复归是完全的复归，是自觉实现并在以往发展的全部财富的范围内实现的复归。这种共产主义，作为完成了的自然主义，等于人道主义，而作为完成了的人道主义，等于自然主义，它是人和自然界之间、人和人之间的矛盾的真正解决，是存在和本质、对象化和自我确证、自由和必然、个体和类之间的斗争的真正解决。它是历史之谜的解答，而且知道自己就是这种解答。"共产主义是私有财产的积极扬弃，即人的异化的自我回归，包括人与自然、人与人、人与社会、人与自身之间异化的回归，是一种完成了的人道主义，或者是完成了的自然主义，是历史之谜的解答，是通过人并且为了人而对人的本质的真正占有。私有财产是人自身的一种异化表现，私有财产的扬弃就是对人的异化的积极扬弃。

共产主义社会实际上是人与自然界完成了的本质的统一。"因此，社会性质是整个运动的普遍性质；正像社会本身生产作为人的人一样，社会也是由人生产的。活动和享受，无论就其内容或就其存在方式来说，都是社会的活动和社会的享受。自然界的人的本质只有对社会的人来说才是存在的；因为只有在社会中，自然界对人来说才是人与人联系的纽带，才是他为别人的存在和别人为他的存在，只有在社会中，自然界才是人自己的合乎人性的存在的基础，才是人的现实的生活要素。只有在社会中，人的自然的存在对他来说才是人的合乎人性的存在，并且自然界对他来说才成为人。因此，社会是人同自然界的完成了的本质的统一，是自然界的真正复活，是人的实现了的自然主义和自然界的实现了的人道主义。"马克思强调了社会的重要性，认为只有生活在社会中的人才具有人的自然本质特征，因为人与人的联系是通过自然界的现实的生活要素进行的，社会中的人的存在基础是自然界，而且只能是自然界。这里的自然界因为人的关系已经被赋予了人的特性，自然界因此成了人的无机的身体，人的身体的一部分，自然界也因此成为人。

第二节　生态马克思主义的生态文明思想

一、生态马克思主义

（一）从人与自然关系的变异来分析资本主义生态危机

生态马克思主义提出了控制人与自然关系的观点。莱斯认为，人类控制自然观念的变化是生态危机的重要根源，而科学技术只不过是人类控制自然的意识工具。只有对人类控制自然这种思想意识中的矛盾进行深入正确的分析，才能够找到解决当今世界生态危机的根本出路。资产阶级政府和企业所采取的环境保护对策，离不开资本主义自身体系的需求。发展中国家为了满足发达国家日益增大的能源资源需求，不得不执行斯德哥尔摩"人类环境大会"上的环保标准。这种情况使得发展中国家的经济增长更加缓慢，南北差距更加扩大，环境问题也因此成为全球性的政治问题。莱斯还批判了把科学技术看作是生态危机根源的观点，肯定了马尔库塞关于"技术的资本主义使用"的判断，承认科学技术只是生态危机的手段而不是根源，从而给科学技术以恰当的评价。[①]莱斯认为，生态危机产生的根源在于对自然进行控制的意识形态，科学技术只是实施控制自然的意识形态的特定工具，

---

① 刘仁胜. 生态马克思主义概论 [M]. 北京：中央编译出版社，2007：32 - 40.

从而也揭露出了"控制自然"的内在矛盾性。

生态马克思主义者创建了资本主义生态危机理论。资产阶级为了维护再生产的不断扩大，利用消费信贷、广告等手段，极尽刺激之能事，促使消费者购买更多商品。这样做的结果就是造成了生产和消费的快速膨胀，资源能源的大量消耗以及生态危机的加重。通过这些手段，资产阶级成功地把危机从生产领域转移到了消费领域，经济危机似乎变得遥遥无期，而生态危机却成了人们如影随形的附体。莱斯把这种通过消费奢侈品以补偿异化劳动过程中的艰辛和痛苦、追求膨胀的自由和幸福的消费称为异化消费。由于生态系统的有限性与资本主义生产能力的无限性是一对不可调和的矛盾，所以异化消费无疑是一种饮鸩止渴的解决方式，当生产资料无法从自然界获取时，这对矛盾的破坏力将在生态系统和生产方式中同时爆发，整个人类也将面临生死存亡的抉择。所以，阿格尔根据马克思消灭经济危机和异化劳动的实现形式，构想出了消灭异化消费和生态危机的社会变革模式，即通过"期望破灭的辩证法"或者期望破灭理论，实现稳态经济的社会主义。但是，生态马克思主义理论在解决生态危机时回避了资本主义的基本矛盾[①]，所以，它不可避免地走向了历史唯心主义的道路，把解决资本主义生态危机的最终希望寄托在了生态危机的最终爆发和资本主义社会消费希望的最终破灭上。

(二) 对资本主义生态环境灾难的纯科学技术批判

依据对科学技术使用态度的不同，绿色理论可以分为浅绿色 (shallow green) 和深绿色 (deep green) 两种。[②] 浅绿色理论认为，科学技术的进步是人类解决一切问题的灵丹妙药，无论是能源危机还是环境灾难。只要太阳光还能够照射到地球上，人们就可以利用技术把太阳能转化成人类需要的各种能源。在这一点上，浅绿色是一种技术

---

① 刘仁胜. 生态马克思主义概论 [M]. 北京：中央编译出版社，2007：40 - 45.

② 万健琳. 异化消费、虚假需要与生态危机——评生态马克思主义的需要观和消费观 [J]. 学术论坛，2007 (7).

乐观派，认为科学技术可以把地球无限的潜在能源变成人类可以利用的能源。唯一让科学技术难堪的问题是它相对于现实需要的滞后性，这种滞后性使生态危机和环境灾难成为可能。浅绿色理论主张利用科学技术对资本主义工业和文明体系进行修补和完善，以更好地开发和利用自然，满足人类的欲望。深绿色理论认为，科学技术不是可以包医百病的济世良方，它或许能够解决某一个或者几个环境问题，但却不能从根本上解决现代社会的能源危机和生态危机。现代工业社会的运行机制和人类自身的价值观念才是生态危机的根源，不解决这两个方面的问题，只对生态危机进行一些浅尝辄止的改造，或者只想通过技术手段，是不可能从根本上解决人类面临的生态危机的。深绿色理论者是一种技术悲观派，认为科学技术不是造成生态危机的主要原因，它只不过是增加了环境灾难和生态危机的程度而已。绿色理论在绿色运动中提出的"回到自然中"的技术悲观主义口号与"宇宙殖民"的技术乐观主义口号，是对生态危机与科学技术关系正反两方面的论述，从而完成了生态马克思主义对资本主义生态危机的纯科学技术批判。①

（三）对自然与资本逻辑关系的分析

自然系统在资本的生产和流通过程中占有重要地位，资本的再生产在总体上是与根据其自然属性来定位的价值构成（不变资本、可变资本）的相对比例联系在一起的。与自然界本身独立的物理与生物属性相对应，自然因素在资本的周转和再生产过程中起着作用，能源、复杂的自然和生态系统都成为资本主义生产的基础。资本主义生产不仅大规模地开发利用不可再生资源，而且对土壤、水源、大气、动植物资源以及整个生态系统都产生了破坏作用。对资本主义传统经济学的论证，因为忽略了资源能源因素，忽略了劳动对象的生物学特性，所以在理论和实践意义上都是有限的。马克思清楚地意识到资本对生态资源和人类本性的破坏作用，认为作为生产外部条件的自然仅仅是资本的出发点，而不是归宿。"当一个资本家为着直接的利润去进行

---

① 刘仁胜. 生态马克思主义概论［M］. 北京：中央编译出版社，2007：193 - 213.

生产和交换时，他只能首先注意到最近的最直接的结果。一个厂主或商人在卖出他所制造的或买进的商品时，只要获得普通的利润，他就心满意足，不再去关心以后商品和买主的情形怎样了。这些行为的自然影响也是如此。"① 在资本主义的生产、分配、交换、消费过程中，资源在不断地耗竭、废弃物在不断地产生、污染在不断地加剧。这时，自然界的被破坏抬高了马克思所说的"资本要素的成本"。资本在破坏了它自身生产和积累条件时，即在破坏了自身的利润时，它也树立起了社会和政治上的反对力量。② 资本与它的生产条件之间的系统性关系，也因此转变为对抗性的社会关系。在分析资本的生产过剩危机时，我们不仅要考虑传统马克思主义中的需要层面，还要考虑生态马克思主义的成本层面。

（四）对共产主义是解决生态危机的最好选择的论证

"希望破灭的辩证法"是莱斯和阿格尔试图解决资本主义社会生态危机的办法，奥康纳则试图利用经济危机的方法来解决，因为资本主义自身无法克服的矛盾决定了它无法提供给资本主义必需的生态条件。马克思恩格斯描绘的共产主义是生产力高度发达，生产资料归社会占有，实行社会公有制的社会，它可以根据实际拥有的自然资源和整个社会的需要来调节生产。在共产主义的初级阶段，个人消费品实行按劳分配；在共产主义的高级阶段，个人消费品根据其合理与否的标准实行按需分配，消灭一切阶级和阶级差别，国家将自行消亡。这种社会制度与当今解决资本主义的生态危机在所有制和经济运行的调节手段上具有一致性，即需要用计划手段来调节市场的无序性、人口增长的无序性、自然资源的稀缺性和人类消费的无限性。同时，共产主义的分配方式与消费方式是相统一的，按需分配决定了其消费方式的有用性，是有利于人的全面发展的消费方式，而当今资本主义社会

---

① 中共中央编译局. 马克思恩格斯全集：第 20 卷［M］. 北京：人民出版社，1971：521.

② ［美］詹姆斯·奥康纳著. 自然的理由——生态马克思主义［M］. 唐正东译. 南京：南京大学出版社，2003：193 – 213.

的异化消费则超越了自然界的承载力,自然界不可能无限制地供给,因此,必然走向按需分配。莱斯和阿格尔都把共产主义作为解决资本主义生态危机的最终形态。

二、对马克思、恩格斯生态思想的挖掘与补充

目前,以马克思主义的立场和方法为依据,以此对当代资本主义进行生态批判,进而实现变革资本主义,实现他们所刻画的生态社会主义的蓝图,一直以来都是生态马克思主义者们普遍的看法。但是想要实现这一点,必须要先确定生态马克思主义是否真的具有生态思想。面对这个问题,生态马克思主义提出了以下两种观点:第一种是以莱斯、阿格尔和奥康纳为代表的思想挖掘论,在他们的观点中,即使历史唯物主义缺乏对生态问题的关注,但仍然和生态学具有内在的一致性,主张"修正"和"补充"历史唯物主义,之后再挖掘历史唯物主义中潜在的生态学思想,第二种则是以福斯特和佩珀为代表,他们认为历史唯物主义中存在生态思想,马克思主义的本质就是生态唯物主义哲学。

三、对当代资本主义制度的生态批判

(一)揭示资本主义制度的反生态性质

生态马克思主义认为,产生生态危机的根源就是资本主义制度,西方其他绿色思潮与之有着本质上的区别。西方绿色思潮的观点认为,产生生态危机的根源是人类中心主义的世界观、价值观以及建立在它们基础上的科学技术,因此只有树立生态中心主义的世界观和价值观才能够解决生态危机。阿格尔说:"生态马克思主义之所以是马克思主义的,恰恰因为它是从资本主义的扩张动力中来寻找挥霍性的工业生产的原因,它并没有忽视阶级结构。"[①] 正如生态马克思主义者们坚持运用马克思主义的阶级分析和历史分析的方法来揭示生态危机的根

---

① [加]本·阿格尔. 西方马克思主义概论 [M]. 北京:中国人民大学出版社,1991:420.

源一样。他们坚持认为人类中心主义价值观对生态危机具有强化作用，可实际上资本主义制度及其生产方式是生态危机的根源。

（二）批判科学技术的资本主义应用

20世纪六七十年代的霍克海默、阿道尔诺和马尔库塞等的法兰克福学派讲述出了科学技术对生态环境所造成的不良影响。生态马克思主义的思想来源于此。在同一时期，由于资本主义对科学技术的大力改革，对自然环境也造成了巨大的危害，因此马尔库塞提出了造成生态环境恶化的原因就是"技术的资本主义使用"。同时加拿大学者莱斯还提出，人类通过科学技术将自然规律打破造成了生态的污染，形成了资本主义生态危机的源头。

四、生态社会主义是消除危机的出路

生态马克思主义认为建立生态社会主义的唯一途径是解除当前的生态危机，然而化解危机只有对价值观和社会制度进行有效的改革。各位学者对此各执己见，其中高兹认为，遵循生态理性是建立生态社会主义社会的关键，提倡"稳态经济"发展模式，致力追求"更少但更好"的生活；佩珀则认为，只有倡导出一种新人类中心主义的自然观，才能达到强调集体的人类中心主义的目的，进而实现生态社会主义社会；奥康纳却认为，生态社会主义的首要目标应该是实现"生产性正义"。虽然设想各有不同，但共同点是都将社会主义与生态学结合起来。

（一）倡导新人类中心主义的生态价值观

生态社会主义在人与自然的关系上，主张创立新的人类中心主义观点，认为人类应该与自然共同发展，而不是你控制我、我控制你的相互制约关系。因为生态马克思主义的生态价值观是反对完全从自然的立场来看待生态问题，认为应该从人类的立场出发来认识，这才是自然和生态的平衡，符合了人们对于需求、愉悦和愿望等感受的相关界定。所以生态马克思主义所倡导的生态价值观本质上是一种新人类中心主义的生态价值观。但是他既反对新古典经济学强调个人利益的人类中心主义，也反对生态中心主义。

（二）倡导生态学与社会主义的融合

生态马克思主义认为，现如今形成人与自然对抗局面的原因是由于人类对资源的过度开发和对生态的过度破坏造成的，同时由于这种局面的形成进而引发了"过度生产"和"过度消费"的不良现象。然而解决这种局面的途径就是用生态理性取代经济理性。高兹认为，社会主义生产方式的合理性是建立在生态理性的前提下的，无节制地追求利润的经济理性只会让生态危机更加严重。这也突出了社会生产的目的不仅仅是追求利润，更是要提倡一种"更少但更好"的需求方式，最大限度上提高劳动、资本和能源的使用价值，做到事半功倍。

（三）倡导计划与市场、集中与分散的"混合型经济"

实现生态社会主义的前提是必须建立起一个稳定态势的社会主义经济模式。这一模式想要达到既能满足自己，又不损害生态系统的最佳效果，以阿格尔为代表提出的主张，需要对企业进行限制消费、税收和制度的改革。生态马克思主义主张经济的适度增长是为了满足人们的需要，强调资本主义生产应该根据全社会的整体需要进行有规律、有计划的生产，而不是无限制、无规律地生产，倡导形成计划与市场、集中与分散相结合的"混合型"经济趋势。

（四）倡导民主自治的方式解决生态危机

西方资本主义社会中，生产资料统统被资本家们据为己有，给中下层民众并未谋得丝毫福利；然而前苏联东欧的社会主义国家，其生产资料却归集体所有，所谓的生产者们并不会得到他们的自由权。当代资本主义国家也好，和前苏联一样的现实社会主义国家也罢，他们之所以出现危机，其最根本原因都是缺乏民主治理。由于两者都不符合马克思所提出的"生产者的自由联合体"的要求，所以其都不能化解他们的生态危机。前苏联东欧的社会主义曾在 20 世纪 70 年代时期被如莱斯誉为未来发展的楷模，甚至维护了它的生态环境危机。发展到 20 世纪 90 年代前后，各个社会主义的代表终于总结出了前苏联东欧的社会主义失败的原因——在社会主义理论中引入了生态学的民主，然而其又缺乏民主，从而使得生态社会主义实现了从经济到政治的转变。

第三节　中国传统生态文化的现代阐释

一、"天人合一、万物同体"的统一和谐思想

对传统生态智慧的认识和理解是基于认识和把握人与自然的关系之上的。传统生态思想是在对人与自然关系的感悟中逐步建立起来的天人合一、万物同体是传统生态思想的价值所在。天道与人道的统一是人与自然之间的相互碰撞。《周易》中所提出的"三才论"是儒家的生态自然观，其根本就是"主客合一""天人合一"。冯友兰先生曾经提出这样的探讨，"在中国文字中，所谓天有五义：曰物质之天，即与地相对之天。曰主宰之天，即所谓皇天上帝，有人格的天、帝。曰运命之天，乃指人生中吾人所无奈何者，如孟子所谓'若夫成功则天也'之天是也。曰自然之天，乃指自然之运行，如《荀子·天论篇》所说之天是也。曰义理之天，乃谓宇宙之最高原理，如《中庸》所说'天命之为性'之天是也"[①]。因而天在中国古代就被赋予了深厚的底蕴。"天人合一"关键之所在为"物我一体"的至高境界，儒家学者认为，天地乃万物之根源，因而应该尊重人和万物存在的价值。"有天地然后有万物，有万物然后有男女"，人与自然是统一的整体，你中有我、我中有你，二者相生相克，形成了和谐统一的整体。

二、尊重生命、爱护万物的生态理论思想

"效法天地之德，尊护万物之命，天地有生生之仁德，道有哺育

---

① 冯友兰. 中国哲学史（上册）［M］. 上海：华东师范大学出版社，2000：85.

万物生长之至善"一直以来是中国传统生态智慧所提倡的。所以,人类顺应天命,充分展现自然万物的自身价值。道家以"道"为本,推出"道生一,一生二,二生三,三生万物"①,提出"人法地,地法天,天法道,道法自然"②,强调万物归一,只有与自然融合,才能达到"天地万物与我同体"的境界。

三、"万物平等、'道'法归一"的生态价值观

道家代表人老子主张:"万物归焉,而弗知主;则恒无名也,可名为大。"③"故道大,天大,地大,人亦大。域中有四大,而人居其一焉。"④一切宇宙世界万物都是平等的,是道家广泛意义上的平等观念。庄子认为,人与万物共存,天地万物皆平等,人与万物没有高低之别。庄子所提出的"齐物(自然万物相生相克,道法归一,无高低贵贱,万物皆有存在的意义,即使'蝼蚁'也有享受平等的权利)"这一思想更是将道家的生态平等观点表达到了炉火纯青的境界。

---

① 周永军. 诸子百家集成·老子 [M]. 吉林:时代文艺出版社,2002:28.
② 周永军. 诸子百家集成·老子 [M]. 吉林:时代文艺出版社,2002:21.
③ 周永军. 诸子百家集成·老子 [M]. 吉林:时代文艺出版社,2002:25.
④ 周永军. 诸子百家集成·老子 [M]. 吉林:时代文艺出版社,2002:21.

第四章　现代化视域下生态文明的转型

人的现代化伴随着工业文明的发展过程，而生态文明是对工业文明的扬弃。从生态文明的视角来看，人的现代化既有进步之处，也存在不少的问题：个人主义导致的唯我主义、工具理性主义使人们过于专注经济效益以及弘扬人的力量忽视自然的利益等主体性丧失现象的困境。应对这些困境，推进人的现代化是一个系统工程，需从生产方式、社会制度及文化建设等方面入手。

第一节　现代化视域下中国发展转型的重大战略

一、发展的实践与科学发展

2003 年 10 月召开的中共十六届三中全会提出要"坚持以人为本，树立全面、协调、可持续的发展观，促进经济社会和人的全面发展"，要"统筹城乡发展、统筹区域发展、统筹经济社会发展、统筹人与自然和谐发展、统筹国内发展和对外开放"的要求。① 这些宣言被看成是中国共产党领导下的中国政府转变发展观的重要标志，也被各界人士概括成"科学发展观"或"新发展观"。

科学发展观对于发展的高度强调与生态现代化理论对于现代化的坚持，看上去有些相似，但在本质上是不同的。科学发展观所强调的发展是在社会主义条件下、以满足广大人民群众基本生活需求为目的的发展，不是西方意义上的现代化，不是资本主义条件下为了追逐资本利润的所谓发展。

---

① 中共中央关于完善社会主义市场经济体制若干问题的决定［M］. 北京：人民出版社，2003：12 - 13.

　　"以人为本"是科学发展观的核心，决定了科学发展的基本属性。"以人为本"是相对于"以神为本""以物为本"而言的，它强调人自身的价值，强调用人性反对神性，用人权反对神权，强调人贵于物。这里的"人"，不是抽象的人，不是某个人、某些人，而是广大的人民群众。科学发展观对于"以人为本"的强调，是为了解决日常工作中现有的一些客观的不全面的问题，这些问题主要是由经济和 GDP 的快速发展和运行所引起的，严重者甚至危害到了人民群众乃至国家的权益和利益，忽略人民的存在，使社会的平衡失调，整体性和团结性不统一，是无法忽略的问题。这种问题的本质是"物质至上"与社会提倡的"以人为本"背道而行，经济与 GDP 的增长与科学发展观并不矛盾，还会推进其进步，目的都是为了满足人民文化利益的需求，将以人为本的原则贯彻到底，要有以人民利益和国家利益放在首位的意识，维护人民的利益，充分发挥人民的精神，依靠人民发展人民，全体人民共享成果。要注意的是科学发展观的以人为本不可以与现代生态理论的人类中心论相互混淆，人类中心论侧重的是过分强调个人私有地位，容易忽视全体人民的利益。

　　实践科学发展观的根本途径是实行统筹兼顾，科学发展观侧重于强调从中国特色社会主义的角度将城乡、区域、社会、人与自然的和谐发展，内外统一，将地方与中央、个人与整体、局部与整体的利益统筹化，增加其中的主观能动性。而且，更要注重国内外的发展，站在长远的角度上看待问题，为将来的发展计划打下夯实的基础，积极掌握发展机遇，灵活应对发展风险，为创造良好的发展环境而奋斗。

　　这样一种根本方法实际上更加强调整体的战略谋划和设计，更加强调政府的统筹兼顾作用，更加强调国内国外各种关系的平衡，充分体现了中国文化的智慧和中国现行体制的优势，与生态现代化理论相比，也有着明显的区别。

　　需要着重指出的是，科学发展观并非是无中生有的主观臆造，而是在反思中外社会经济发展实践、总结世界发展观演变的合理内核、汲取中国自身发展经验的基础上逐步加以明确的，既是发展观演变的合理延续，又代表了发展观演变的先进方向。

在世界范围内，从第二次世界大战结束到 20 世纪 80 年代，发展观的演变大致上经历了四个阶段：①

（1）20 世纪 50－60 年代，是传统发展观阶段，这一阶段的发展观强调发达国家的经济增长模式具有普适性，所谓发展就是发展中国家通过经济增长追赶发达国家的过程。国民生产总值的增长具有至高无上的地位。许多人认为，只要经济增长了，一切问题都迎刃而解了。

（2）20 世纪 60 年代后期到 70 年代，是修正传统发展观阶段。由于单纯追求经济增长的发展战略在许多发展中国家遭到挫折乃至失败，引发了相当严重的社会问题，出现了"有增长无发展"的局面，这种局面反过来又成为经济增长的障碍，所以，发展的概念被修订为"发展－经济增长＋取得经济增长的社会条件"，或"发展－经济增长＋分配"。时任联合国秘书长的吴丹提出的著名公式"发展－经济增长＋社会变革"就是这种观念的典型代表。

（3）20 世纪 70－80 年代，是发展观的转型阶段。前述两种发展观虽然有一定差异，但是在本质上，特别是在实践上，又有着很多的相似之处，尤其是都还强调发展是追求西方式的发展，是以经济增长为中心的发展，即使进行社会变革，也只是为了更好地促进经济增长。这种状况以及实践中继续存在的发展危机促使一些学者进一步反思发展，提出发展的目的是满足社会和个人的需要，包括物质的需要和同每个民族的价值与传统相一致的社会、文化和精神的需要。相应的发展战略包括"满足基本需求战略""内源发展战略"等。20 世纪 70 年代后期，联合国教科文组织已经接受了这种发展观念，认为发展是多元化的，是以人为本的。

（4）20 世纪 80 年代中期以来，是可持续发展观流行的阶段。随着全球环境危机的日益凸显，如何发展的问题已经不仅仅是发展中国家的问题了，发达国家同样面临着这一问题。1987 年，挪威前首相布伦特兰（G. H. Brundtland）夫人主持的世界环境与发展委员会撰写了一份题为《我们共同的未来》的研究报告，呼吁各国维护资源、保护

---

① 洪大用，马国栋. 生态现代化与文明转型［M］. 北京：中国人民大学出版社，2014：109.

环境，走可持续发展之路。所谓可持续发展，就是指在不损害后代人满足他们自己需要的能力的条件下，满足当代人需要的发展。

二、科学发展的现实意义与实践约束

（一）科学发展的现实针对性

站在 21 世纪初，反思中国改革开放以来的经济增长，虽然制度创新、资本投入以及技术进步确实对其作出了很大贡献，但是这些是积极因素的贡献。事实上，还有很多消极因素的"贡献"也是极其重要的，这些消极因素在"促进"经济短期快速增长的同时，造成了自然与社会的双重巨大代价，并在很大程度上使得整个发展实践呈现出明显不可持续的特征。

首先，环境容量和自然资源的大量损耗对于经济增长的"贡献"，而制度创新、资本投入以及技术进步，实际上在一定意义上大大加快了这种损耗的速度，从而对于经济快速增长作出了重要"贡献"。

在一定程度上可以说，中国一段时期内的经济快速增长是建立在无偿或低成本使用环境容量和自然资源基础上的。这种状况导致了我国环境容量被过量使用，环境自我恢复能力大大下降，甚至不可修复。一些地区已经在富裕起来的同时变成了生态灾区，一些地区甚至还没有富裕起来，其环境状况就极度恶化了。

其次，社会分配严重不均对于经济增长的"贡献"。在某种意义上可以说，以往的经济增长是以很低的劳动力成本，甚至是以劳动力成本的透支为基础的，大多数社会成员没有从经济增长中获得自己应有的份额，财富过分集中于少数人手中。

再次，社会资本的消耗对于经济增长的"贡献"。尽管人们对于社会资本有着不同的理解，但是社会成员之间的信任关系被认为是社会资本的一种重要形式。西方学者福山认为，一个社会的信任状况与经济繁荣有着密切的关系，社会成员之间的信任程度高有助于经济繁荣。①

最后，整体来说，是社会领域发展的严重滞后对于经济增长作出了重要"贡献"。在某种程度上我们可以说，改革开放以来的经济快速增长是盲目 GDP 崇拜的一种结果，是以很大程度地牺牲社会事业发展为代价的。这种经济增长不再是服务于改善人们生活质量的目的，而是以其自身为目的。

(二) 科学发展的实践约束

问题的关键在于，理论上对科学发展观的高调宣称，并不一定能够完全兑现为实践成果。以往实践表明，社会系统自身的运行是十分复杂的，发展观念与发展实践之间常常存在着严重的脱节。这就要求我们客观地分析制约科学发展观付诸实践的种种现实因素。笔者曾在十年前作出了相关分析②，现在看来，这些分析依然是有价值的。

第一，从新观念的提出到形成全民共识是一个长期的过程。以可持续发展观念为例，从提出到现在 20 多年了，但是仍然没有一个国家实现了可持续发展。我们不否认最高领导人、中央政府以及社会精英发展观转变的示范意义，但是从示范到普及在客观上需要做很多具体、细致的工作，并且要花费很长时间。发展观的真实转变并不全部体现在领导人的口头承诺以及媒体宣传上。何况仍然有些领导并没有认同科学发展观的重要性，社会舆论也并不是全力主张科学发展观。正因如此，中央领导一再强调，各级领导干部要提高认识，统一思想，带头树立和落实科学发展观。

第二，中国发展实践中片面追求经济增长的动力依然充足。③尽管这种动力对于促进我国经济的持续增长是有利因素，但是对于促进发

---

① ［美］弗朗西斯·福山. 信任——社会道德与繁荣的创造 ［M］. 呼和浩特：远方出版社，1998：78.

② 洪大用. 试论科学发展观及其实施限制 ［J］. 湖南师范大学社会科学学报，2004 (5).

③ 事实上，中国作为全球第二大经济体，经济增长无论加快还是放缓，都牵动着世界各国的神经。最近几年，中国政府为了更好地促进结构调整和科学发展，自主调低了经济增速，但是很快就遭受来自国内外的唱衰中国的巨大压力。

展观的转变就成为某种意义上的制约因素。

中国实践中追求经济增长的动力是复杂的，在很大程度上是结构性的，正是不均衡的经济结构释放了强劲的经济增长动力。一方面，从国际范围看，中国仍然是发展中国家，综合国力仍然有限，与发达国家物质财富的差距仍然很大，这种差距仍在不断激发着国家的赶超愿望，从而带动经济增长导向的发展。我们注意到，高层领导在谈到科学发展观时，仍然强调其实质是实现经济社会又好又快的发展，强调发展是硬道理，发展首先要抓好经济发展，要坚持以经济建设为中心。另一方面，改革开放以来，国内持续扩大的地区差距，包括城乡差距，也形成了进一步推动经济增长的强大动力。先进地区想保住自己的先进地位，并且希望变得更发达；落后地区急于摆脱落后地位，改善居民的生活水平，缩小与先进地区的差距。正因如此，在科学发展观广为宣传之际，一轮又一轮的投资过热、重复建设总在出现。在此背景下，推动科学发展观的落实有可能遭到先进地区与落后地区、财富新贵们与依然贫困者的共同抵制，从而陷入困境，这是需要认真对待的。

第三，中国社会中推进科学发展观落实的社会动力并不充分。与前述追求经济增长的动力十分充足相对，中国社会内部推动社会发展的动力还有明显不足。与经济增长可以带来实际的利益以及有着明显的市场主体——企业相比，社会发展通常被看成是需要花钱的，而且近期收益并不明显。特别是，中国在很大程度上还缺乏强大的促进社会发展的主体，比如，说有独立地位的强有力的非营利组织。很多非营利组织是依赖于政府的，并不能成为独立角色。因此，实际情况是政府举起右手说要发展经济，同时举起左手说要促进社会发展，而通常的结果是右手比左手更灵活、更有力。政府之外的赞助社会发展的力量过于薄弱，是限制科学发展观落实的重要因素。

第四，在现实条件下，树立和落实科学发展观要求政府自身真正实现角色转换，即从发展型政府转变为服务型政府，切实履行经济调节、市场监管、社会管理和公共服务等主要职能，不以直接参与经济发展为目的。但是，这种转变将是一个长期的、艰难的过程。首先，作为一个发展中国家，政府面临着来自国内与国际的双重压力，很难不以促进经济增长为主要目标。其次，出于增强政府财政能力和凸显官员政绩的考虑，政府有着直接卷入经济活动的强烈冲动，特别是在政绩考核指标导向尚未完全改变的情况下，政府官员依然有着强烈的追求单纯 GDP 增长的倾向。再次，一些政府官员的不规范行为强化了政府对于经济领域的直接干预，例如，权钱交易等腐败现象的存在。最后，一些研究表明，政府直接干预的程度实际上与地方经济增长有着密切的关系，这也继续刺激着发展型政府的存在和发挥作用。如果政府继续成为促进经济增长的力量，很难预期它会以社会服务、社会发展为主要宗旨，政府自身角色转换的困难将是科学发展观落实的重要制约。

第五，落实科学发展观需要切实调整财政支出结构，加大社会支出占财政支出的比例。但是，中国的现实问题是，很多地方财政调整支出结构的空间很有限，特别是一些县区财政，非常吃紧，甚至超支，负债严重。因此，至少在县区一级，希望它们增加社会支出是很难的。如果不考虑由中央财政承担主要的社会支出，仍然会导致或加剧社会发展的地区失衡。而要中央财政承担主要的社会支出，就必须合理地划分中央政府与地方政府的事权，并作出相应的制度安排。多年来的实践表明，这方面的工作还是很迟缓的。

第六，落实科学发展观依然缺乏充分的法律保障。如果说促进经济发展方面的立法正在越来越完善的话，那么促进社会事业发展方面的立法则相对迟缓，不够细致。以社会保障为例，目前并没有该领域的综合性立法，专项的法律也不健全，更多的仍然是一些行政规章。更重要的是，一些社会发展领域虽然已经立法，但是执法情况不容乐观，例如，环境保护执法，有法不依甚至已经成为中国环境恶化的一个重要原因。社会发展要做到有法可依、有法必依、执法必严、违法必究，还是需要些时日的。

（三）通过制度建设促进科学发展

第一，要从全面保障公民权利的角度出发，努力促进科学发展观的法制化，将落实科学发展观的行为从道义行为、行政行为转变为法律行为，通过完善的立法和有效的执法，确保社会资源的必要投入，确保社会发展、环境保护以及城乡差距、地区差距等突出问题得以解决，从而确保社会的良性运行和协调发展。

鉴于以往的发展实践造成了社会与自然的双重巨大代价，促进科学发展观的法制化就应当沿着两个主要的方向进行，一是强化社会保护，二是强化国土与环境保护。

促进社会保护法制化的基本目标包括：消除社会歧视和社会排斥，促进社会整合，增强社会凝聚力；切实保障社会弱势人群的生存权、发展权以及参与社会事务的权利，防止弱势群体的边缘化；积极创造社会资本，增进社会信任，促进社会成员之间关系的和谐；努力使社会成员共享发展成果，并共同分担发展的必要成本。

在国土和环境保护方面推进法制化，最重要的是使现有法规更有操作性，更能得以有效执行，从而真正发挥其约束政府、企业、事业单位以及公众行为的作用。同时，也应着力寻求和设计真正能够使当代人对后代人负责的各种法律制度。没有这方面有效的制度安排，在各个层次的行动决策中，由于后代人的缺场，其基本权益就难以得到有效保护，短期利益、当代人的利益将成为决策的重要依据，社会经济的不可持续性也就难以避免。

第二，鉴于政府在落实科学发展观方面确实有着重要作用，改革和完善政府领导人的政绩考核标准就是非常重要的，这样有助于对政府及其领导人的行为形成有效的约束。

长期以来，考核政府及其领导人业绩的主要标准是经济增长情况，这样自然会刺激政府及其主要领导人把主要的精力放在追求经济增长方面。为了落实科学发展观，必须改变这种导向，要把社会事业和环境状况及其发展放在突出位置。政府只有在促进经济、社会和环境协调发展方面作出了成绩，才能算是有政绩，才是真正代表了人民的利益。

第三，要进一步完善政府的决策机制，有效约束政府偏离科学发展观的决策行为。政府决策对于社会经济发展有着重要影响，正确的决策可以促进社会、经济和环境的协调发展，错误的决策则会加剧发展的失衡，强化发展的不可持续件。

我们必须看到，长期以来决策机制不完善导致了领导"拍脑袋"决策、少数人决策以及非全面信息供给下的决策，这些决策是很多只顾短期利益、少数人利益的"政绩工程""形象工程"等纷纷上马的重要原因，这类工程并不能增进社会的整体利益，甚至在根本上违背广大公众的利益，不利于科学发展观的落实。

完善决策机制的一个重要方面是确保公众对于决策的参与，确保决策的公开化、民主化。重大决策必须进行广泛的听证，充分征求各方的意见，并有适当的制度安排保证各方的意见确实受到尊重。

完善决策机制的另一个重要方面是确保决策信息的全面供给和有关专家的参与，努力做到科学决策。在作出决策时，不能只提供一些有明显倾向性的决策信息而有意限制另外一些信息，应当尽力全面提供涉及决策的各种信息，以便决策者作出全面、周到的决策，避免因信息不充分而导致的错误决策。

总之，确立完善的政府决策机制，是约束政府行为，确保决策服务于落实科学发展观的重要前提。

第四，在中国这样一个幅员辽阔、人口众多的大国，确保经济与社会的协调发展，确保发展的可持续性，单靠中央政府的积极性是不行的，必须有切实有效的手段保障中央政府的宏观调控能力，同时透过细致、合理的责任、权利以及财政方面的安排，使地方政府有压力、有动力，从而自觉落实科学发展观。这里就涉及进一步理顺中央与地方的关系。

第五，落实科学发展观还应加快社会事业体制改革，通过制度创新，大力培育社会发展事业机构和社会团体，并加强它们的能力建设，促进其提高社会服务的效率和自主服务的意识。

就像在经济领域，政府促进经济增长并不是要直接卷入经济活动，而是尊重经济规律，激活企业等市场主体一样，在社会发展领域，政府推进社会发展也并不意味着由政府包办社会发展。经验表明，政府包办社会发展不仅难以保证社会发展的相对独立性，而且有导致资源浪费和效率低下的倾向。因此，政府在促进社会发展方面的责任主要是创造一个好的发展环境，创新有效的发展机制，竞争性地分配公共资源，并提供有效的法律保障。直接主体应当是各个有活力的非营利机构和社会团体。

第六，要落实科学发展观，还必须考虑一些更为具体的制度安排，例如，适当调节和引导公众的消费行为，遏制造成不良社会与环境后果的消费行为，特别是要防止炫耀性的过度消费。因为这种消费不仅会加剧环境资源的压力，还会发出错误的需求信号，刺激经济的畸形发展，并促成不良的社会风气，加剧社会紧张和冲突。毫无疑问，这是不利于社会经济可持续发展的。为此，我们应该进一步完善税收制度，例如个人收入所得税、遗产税、消费税等制度，防止财富向少数人的过分聚集，实现财富在社会中的公平分配，确保社会经济发展旨在满足大多数社会成员的基本需求，这是与我国国情相符合的，也是实施科学发展观的具体体现。

回顾过去十年来中国政府大力推进科学发展的实践，应该说包括制度建设在内的诸多方面，都取得了十分突出的成绩。与本书主题直接相关的是，在科学发展观的指导下，以保障和改善民生为重点的社会建设、生态环境建设两大方面都有显著的新进展，而这两大方面又直接关系着社会系统的可持续性。

三、生态文明引领科学发展新境界

在科学发展的实践中，面对越来越严峻的资源环境形势，中国政府进一步凝练并提出了"生态文明"的概念。[①] 2007 年，中共十七大

---

① 关于"生态文明"概念最初由谁提出，目前尚存争议。例如，《中国社会科学报》（2010－04－15）在刊发美国学者罗伊·莫里森（Roy Morrison）的文章《走向生态社会》时，介绍罗伊·莫里森是最早正式提出"生态文明"（Eco Civilization）概念的学者。但是，2012 年 8 月 13 日的《中国社会科学报》又刊发于法稳撰写的《叶谦吉的生态文明建设》一文，指出在 1987 年 6 月召开的全国生态农业研讨会上，叶谦吉教授针对我国生态环境趋于恶化的态势，就呼吁要"大力提倡生态文明建设"。周宏春在《中国发展观察》2012 年第 9 期发表《生态文明建设应成为重要任务》一文，进一步指出前苏联环境学家在 1984 年首先采用了生态文明概念。但是，在政府议程中最先提出生态文明并将其作为文明发展的方向而付诸政策实践的，应该是中国政府。

报告将建设生态文明列为全面建设小康社会奋斗目标之一，指出到2020年要基本形成节约能源资源和保护生态环境的产业结构、增长方式、消费模式。循环经济使可再生能源的地位显著提高，环境污染得到改善，生态危机得到缓解，人们对于生态文明的概念进一步加深。

第一，生态与社会的建设是生态文明的两大方面，其中，社会建设推进生态建设，正如马克思所说的："人与自然的关系是相互的，生存的方式以某种特定的交流进行转换，从而达到人与自然的和谐相处，人类依靠自然资源才可以发展生产，是生产使人类之间产生了某种联系，只有建立起的种种联系才能与大自然达到共通的状态。"

第二，在人类与生态中心主义的概念上进行升华便可得出生态文明，生态中心主义是以批判人类过度掏空大自然，侧重于保护自然的角度，甚至有极端者认为应当去除人类在生态系统中的地位，只有这样，才可以保全自然的完整性。这种观点受到极大的争议，片面地否定人类对大自然的作用才是应该去除的，人对自然的创造力、改造力也是不容忽视的。人类中心主义则是过分强调人类在整个自然循环的中心地位，应把满足人类自身需求放在首位，其极端者认为自然就是为了服务人类而存在的，人类是主宰，自然应臣服于人类的统治，人类可以解决生态危机的环境问题。而生态文明则是将两者结合起来的定义，既要强调人与自然的和谐共处，也允许人类合理地进行开发，利用人类社会和自然界运行的行为和调整人类的社会的社会关系，进一步强调人与自然协同发展的重要性，所以说，生态文明的定义是在两者精华中的归纳总结。生态文明建设是秉承着以人为本的原则进行的，关键在于促进人类全面发展为首要任务，与其对立矛盾的是以神为本，以物为本。前者侧重于人类追求神的庇护，盲目认为神权大于人权，是不切实际的空谈。而后者又过分强调了物质在人类生活中占据的主导地位，人类的精神文明财富可以利用物质来衡量，物质大于人权。

我国的生产力逐渐步入前驱行列，生态文明的建设正是为了顺应时代的需求，有针对性的，目的性的，以促进人与自然和谐相处为基本目标而进行的理论实践，它介于以物为本之上，轻度否定以物为本，加以肯定以人为本，体现出物质与人类的统一辩证关系，对人类自身的存在价值和生命意义加以二次的升华。生态文明并不否认人类为了促进时代发展、科技进步而向大自然汲取能源，但它更强调的是注重人类行为的范围和程度，反对无限的一味索取，要在发展与维护同时进行，在人文精神方面，它侧重独立的存在，对家人朋友的关怀，对社区国家的归属，珍视与周围人建立起来的种种联系，将以人为本的精神内涵发展到极致。

第四，对于文明的建设和推进在生态建设中一样占有极大的比重，将传统与现代文明相互结合起来，取其精华去其糟粕。有人认为生态文明是对传统文明的摒弃，这是不正确的，历史上的文明都有一定的自然基础，只有坚实的基础才可能进行发展建设，如若不然，一切都是不合实际的空谈，所以，每一种文明的出现都含有自然价值的体现，知识价值的内涵，不同时期的文明发展阶段会遭遇不同的环境问题。例如，在人类发展到捕鱼阶段时，本应是靠海吃饭，但由于过度捕捞，海洋生物也逐渐较少；发展到农业时代又因为土地的旱化和沙化，使耕种面积下降；工业时代则是因为科技机器的使用增加了环境污染。但是值得一提的是，人类虽然在发展文明时期遭遇到不同的境遇，但也都想出解决办法来应对，利用自身所掌握的知识化解了许多磨难，比如，轮牧、迁移、休耕和清洁生产等，都是人类文明宝贵的精神财富。

第五，因为人类的反思进步和实践成果才铸就了如今的生态文明建设。它一直是以促进人类与自然和谐相处为目的的引路牌，没有时间期限的实践过程，主要原因分为以下三点：一是人与自然之间不可能永远处在一个稳定的和谐状态，由于人类不同时期的发展阶段所产生的文明成果与自然的关系不是统一的存在，人与自然在内部结构的变化运动中也有不同时期的异同点，所以基本处在一个从和谐到失衡再到平衡的过程。在工业时期，对自然的过分依赖使人类一直没有意识到发展与自然正处在矛盾状态，工业时代的进步褪去传统的不足，从而建立起新的但并不平稳的文明形态。二是因为人类对于自然和社会总是处在不停反思不停进步的状态，凡事都是有双面性的，人类改变自然，使大自然能够有充分的发展空间、为人类的未来奠定基础，但真正做到彻底感悟自然恐怕还需要很久的时间。三是因为认识与实践的关系十分复杂，实践是认识的基础，实践决定意识，实践是认识的唯一来源，实践是认识发展的动力，要让二者统一还需要我们的不断努力。

第六，从局部向整体出发是可以促进生态文明建设的。通过以上五点，人们会觉得生态文明建设希望难寻，所以有人会认为希望渺茫，停止前进，或是坐吃等死，毫无作为，这不仅是一种错的想法只会让你与其的距离更加遥远，也根本对于生态文明建设毫无作用，但如果我们从边缘向中心突进，由局部向整体出发，才能将生态文明建设指引到正确的道路上来。

四、社会建设造就生态文明

制度建设与发展科学发展观一样都对促进生态文明具有重要作用，中共十八大报告指出，生态环境的保护必须依靠建立制度：贯彻资源节约和保护环境的国家方针，节约能源，以优先恢复自然资源为首要任务，致力于促进绿色、循环、低碳、节能的发展进程，调整空间、产业结构、生产方式等致力于改善环境问题，将资源消耗，环境破坏等列入发展经济社会的内部评价体系中，建立起有目的性、赏罚性的体制。生态文明的意义在于建设、实践，生态文明建设有利于提高全社会对保护自然生态的重视及全人类共同保护和建设地球家园的认识。节约资源、保护环境、维护生态、建设生态文明，已成为全世界人民的共同心声。把保护自然生态提到文明建设的高度更是我们的首要任务。我们为了自身的生存与发展需要利用自然资源，改造自然环境，但我们不能无节制地开发和过度依赖，更不能忽视自然规律去改变自然环境。生态系统的资源是有限的，它对人类活动的承载力更是有一定限度的。而如今人类建立生态文明的意义在于强调整个人类对地球的共同责任和义务，促使人与自然之间处在一个和平共处的合作关系中，才可以共同保护和建设地球家园。

加强制度建设是从社会学的角度实现两个目标，一是通过技术革新来更好地管制环境污染问题，更完善地合理地改善生态危机的威胁境况。二是提升社会结构，加大社会生产力，推进社会改革，发展社会的文明成果。生态环境问题本是社会问题，因为社会的结构，过程和人们致使社会模式改变，社会平衡失调，用社会学思考问题，不再是简单的技术问题和社会外在的客观问题。因此，我们有必要推进社会建设来促进生态文明的建设，通过改变社会内在的结构，革新社会建设体制，从而达到建设生态文明的目的。

首先，我们必须重新建立与自然的关系，当人类处于原始社会时，由于生产力极其落后，人类对于自然环境只能稍作改变，对自然界汲取数量非常少。但在工业革命以来的 200 多年，科学技术突飞猛进，人类从开垦荒地、采伐森林、兴建城市、发展工业等开始加大了对自然的依赖，日复一日，自然资源变得越来越少。所以我们要意识到，人类与自然环境是相互依存、相互影响的。人类对环境的改造能力越强大，自然环境对人类的反作用也越大；于是在人类改造环境的同时，人类的生活环境随之发生了变化。现在出现的环境问题就是人类要承担的必然后果。随着时代发展，人类需求的增大，对自然的索取加大，可一旦达到大自然无法容忍的程度时，人类与自然的关系就不再是和谐统一的了。

其次，我们要努力做到人民成果共享。人类对自然的索取不能停止，在这种情况下，在长期发展经济的要求下难以达到整体共识，一旦被独自享有可能会成为限制他人的工具。共享是中国特色社会主义的本质要求，秉承着以人为本的原则实行社会主义经济，其目的在于使全体人民在共建共享时能增强发展动力，增进人民团结，朝着共同富裕方向稳步前进。

再次，侧重于社会力量的发展是让更多群众参与进来，在现代社会发展中有两种力量是非常有作用的，它们是有系统性、组织性的，那就是政府和市场的掌控。政府在信息的采集、政策的制定、资源的筹集方面都非常有效率，所以政府在保护环境方面起到了非常大的作用，但由于政府人员非常稀少，所以也面临着动力不足能动性下降等问题，甚至在权力集中时导致环境破坏更加严重。市场对于环境保护本应该具有更大的优势，其原因在于市场可以使资源配置高效，生产力提高，但在人们看来市场对于环境保护却起不到很大的作用。人民群众是监督政府、促进政府实施保护措施的一股中心力量，可以帮助政府将保护环境的许多政策落实。所以群众力量无疑对生态环境是十分有利的。但是中国发展现阶段的群众力量却十分不理想，我们更应该从这个方面来保护环境，通过人民群众的力量来促进环境保护，共同承担起环保的责任和义务。通过有效的制度和组织，让政府与市场和人民群众三方力量共同为保护生态环境而努力。

第二节　低碳经济——工业生态的发展路径

随着工业时代的发展，全球经济处在一个飞速增长的状态，所以能源消耗也在随着发展而增多，由此导致了一氧化碳、二氧化碳、甲烷等温室气体排放的数量迅速猛增，这些温室气体严重影响到了人类的生存，所以世界上有很多经济国家，已经将改善温室气体作为新的变革目标，把低碳经济作为工业革命的新目的。为此采取了许多成本低高效率的解决方案，这些措施是为了减少温室气体的排放，想利用清洁能源代替煤炭等能源。所以目前低碳经济已经成为世界经济发展趋势不可阻挡的新浪潮。

一、低碳经济对中国工业生态的意义

随着人类经济发展步入工业时代，传统社会中的生存方式用工业机器取而代之。所以导致现有社会形态及社会组织内部结构都发生了与之前与众不同的改变。尤其是在经济发展得规模上，有许多利用开采加工并利用的自然能源，基本成为人类现代工业化的时代特征，也是人类工业文明的体现。然而，工业文明所推崇的高碳经济模式，给地球大气层带来了灾难性的变化，也使人类面临着能源资源逐渐枯竭的窘境。因此，一种新的经济模式呼之欲出。

（一）低碳经济的定义

"低碳经济"的定义来源于1999年，美国著名学者莱斯特·R.

布朗在《生态经济革命》一书中指出："首要工作是变革能源经济"是创建经济的可持续发展的重要步骤，而且想要解决温室效应，应当先改变当前的经济发展模式，加大对开发新能源和可再生能源力度。

（二）低碳经济的特点和意义

低碳经济，顾名思义是产业技术和生活等各种经济形态以低碳形式的呈现。它的意义多为能量消耗低、污染低、排碳低。而且低碳经济的特点是效能高、效率高、环境污染程度更低，以此来应对气候变暖的影响，应对能源的利用和清洁能源的开发等。找到影响经济持续发展的问题才是实现经济社会持续发展的首要任务，低碳经济的内涵，主要是在于能源技术及减排技术，产业结构和创新力度对于人类生存发展需求性的改变。对于那些高碳经济相反而言，低碳经济的区别就在于降低碳量的消耗，并且提高能源使用的效率，从而实现低碳经济。如果低碳经济能够在人们的生产当中普遍存在，那么化石能源对于污染环境较高的那些能源，便可以用其取而代之。只有改变了人们对于高碳消耗的需求，才可以实现低碳生存从而达到环境保护的共同目的。

（三）工业化背景下的低碳经济提出

1. 工业化的失衡现状

2006 年中国的城市化率为 43.9%，东、中、西部城市化水平分别为 54.6%、40.4% 和 35.7%，城市化水平最高的是上海 88.7%，紧随其后的是为北京 84.3% 和天津 75.7%，城市化水平最低的是贵州和西藏自治区，分别只有 27.5% 和 28.2%，2006 年的中国城市化水平不仅远远地落后于相同的发展中国家，其收入水平也同等中下。然而预计中国的城市化发展速度可能会持续到 2030 年，并且预计有一千四百万人口从农村转化进入到城市中。由此引发的住房问题和基础建设问题也将增大。在这个工业化过程发展中，中国整体尚且处于中期阶段，而东部和东北部分别处于后期和中期，西部和中部处于前期和后半期。由此可见中部和西部的经济崛起问题才是发展国家经济的首要任务。然而，必须要解决温室气体排放问题是中国时代进步的一个转折点，所以中国政府采取了一系列措施。1996 年提出能够节能每年百分之五的九五计划，致力于排放污染量的减少，并且通过实践完成了目标。在 2001 年制定的十五计划时，又提出了排放量在百分之十以上的目标，但由于中国人口基数大且经济发展水平不高加上人均资源的短缺，这样的目标并未能真正实现，而这也严重地桎梏着中国经济的发展。

2. 气候环境的破坏逐渐加大

我们不得不注意到气候污染所带来的一系列问题，1994 年的《中华人民共和国气候变化初始国家信息通报》显示"中国温室气体排放总量约为 $3.65 \times 10^9 t$ 的 CO_2，其中 CO_2、CH_4 和 N_2O 分别占 73.1%、19.7% 和 7.2%。CO_2 排放主要来自能源活动，CH_4 来自农民耕种和机器耗能排放，N_2O 排放是由能源污染造成。中国若想加快社会经济的发展不得不从低能源消耗国家向高能源消耗国家转化。而且根据报告称，中国的排放温室气体能量已经增加到了以往排放能量的三分之一以上。自 2003 年起，中国排出 15 亿 t 排放量仅仅用了八年。而且 2011 年即将站在全球排放量的前列。中国虽然经济发展速度飞快但是给世界气候问题带来巨大的威胁，这其中向大气层排放的 20 亿 t 排放量造成了更大的压力，也引起世界范围内人民和国家对于经济与气候协调发展的高度重视。

二、低碳经济与生态文明耦合逻辑

（一）低碳经济是工业文明向生态文明进步的必要步骤

在传统工业文明时代中，人们为满足自身发展，不得不在大自然的资源中最大限度地开发能源。高能量、高排放、利用率低的生产模式促进了人类的工业发展。但是在人类中心主义的指导下，自然能源的提供会变得越来越少，由于传统时代的生产方式和科技机器的能源低下，人们不得不在汲取自然能量上扩大范围和数量，这导致自然的恢复能力逐渐下降，而化石燃料的消耗却逐年增加，从而全球能源逐渐枯竭。在全世界每年产生的 230 亿 t 二氧化碳中，地球生态系统仅仅能将 30 亿 t 消化，剩下的 200 亿 t 则在大气流中漂流。而这正是导致了气候变暖、温室效应等气候变化原因的首要根源，直到我们能够找到这种解决方案才能够更加进一步发展。气候环境越来越恶劣，然后能源却越来越稀缺。所以人类必须要找到方法和方式去向低碳经济社会转变，从而将高能量高消耗的方式取而代之。随着社会科技的发展，生产技术的创新、产品创新以及组织结构的创新，人们将低碳能源作为发展的首要目的，建立企业以非化石燃料为核心的能源消耗方式达到经济低碳化发展的生产结构。缓解生态危机所带来的威胁，使生态系统中的恢复能力和自然循环达到稳定的状态，这样我们才可以在不伤害自然恢复能力循环的情况下，向自然汲取资源。追求低碳经济的道路是一种改变社会能源低下的经济生产模式，旨在改变工业时代造成的环境污染气候变化等问题。所以低碳经济不仅是人们要改革的目标，更是人类向工业文明进一步加快发展的里程碑。

（二）工业社会向低碳经济转型的基本理念

每一种碳的形式和排放量都会影响人类的发展历史。例如，在农业耕种社会人们主要利用植物、河水等来为动植物提供发展资源。所以说农业社会是一种基于碳水化合物的基础上来达到发展社会目的的。技术的革新和发展使人们利用科技对化学元素得以进行开发研究。在人类到达了工业社会之后，又掌握了开发新能源的方法，形成了那些以石油煤炭等能源为主要动力的生产方式，取得了机器生产和科技发展的巨大进步，然而，在经济发展的同时，所发现的这些化学元素含有高能量的碳元素会造成严重的生态污染，再加上人类无节制的资源获取，最终导致生态失衡，从而威胁到了人类的发展和生存。这才意识到，这种过分的汲取和消耗是一种不可取的行为。于是侧重解决温室气体排放，这是作为一种发展经济方式的新目标，意在改善地球生态系统的调节能力，减少生态危机所带来的威胁。发展可持续性经济才是真正值得投入的方针。大力倡导生态文明则是从关注能源消耗和自然资源利用方面来向经济取得进步的重要步骤。建立起以低碳或者是无碳能源为基本原则的体系和组织结构才是发展低碳经济的核心价值。生态文明要从低碳经济做起，而低碳经济所引导的方向，在实践中也起到了重要的作用，有了低碳经济，社会经济发展才会取得质的飞跃。

　　生态文明的进步让不同时代有了不同先进技术的改革。每一次社会的巨大进步，都是在工业机器以及技术上突破而发生的。比如，农业耕种和牧业饲养等是人类从手工时代进入到农业文明时代的飞跃。以英国的蒸汽机的发明为例，是正式开辟了工业时代的标志。而这种生态文明则是以太阳能、风能、海洋能、核能等可再生能源为核心的能源模式。再如，太阳能是由于太阳核子的化学反应所产生的能量，它的热量可以相当于地球上五百万吨煤的能量。风能是存在于大自然之中是取之不尽的，而且污染能力低，可再生，所以人们可以扩大利用。在成熟的核电技术中应该应用这些可再生的清洁能源，这样也许会取得更大的进步。同样的道理，如果氢元素提取出来，就可以取代那些煤、石油等高能源所释放的热量，甚至高达九十倍，而这些正是生态文明所提倡和追求的关键所在。生态文明的建设意义在于，一边能够用低碳经济的方式运行社会，一边能以最大限度减少环境污染的情况下进行能源消耗发展工业。所以我们应该致力于建设生态文明发展低碳经济。这样不仅可以带来全新的革命，还可以化解社会资源短缺的境况，从而减缓生态危机带来的威胁，也会避免如今世界上环境问题的出现，是一种可行而有效的途径。

三、中国工业低碳化的路径选择

　　按照发展规律，处于工业化进程中的发展中国家，工业在国民经济中的比例将会在相当长的时期内占主导地位。正是因为发展中国家不具备资金、技术等方面的优势，所以很难像发达国家那样，靠服务业的发展来实现低碳化。中国现实状况表明在一定时期内，中国这种以重化工业为主的产业结构很难发生根本性的变化。因此，工业低碳化既是生态文明转型的内在需求，也是中国实现工业现代化的路径选择之一。

（一）积极学习低碳技术

　　只有拥有了低碳技术才可以发展低碳经济。而中国现在之所以向低碳经济转型的过程中停滞不前，也是因为低碳技术的研发能力比较低下。IPCC 认为低碳技术占据首要地位，甚至超过了其他所有因素。只有拥有了低碳技术才可以解决温室气体排放所带来的气候问题。所以中国应该致力于开发以下几点技术：一是如何使煤能够高效清洁的利用；二是可再生能源再次利用的技术；三是煤油气资源的开发利用和勘探的技术；四是电网输送电量的技术；五是核电技术。低碳技术是由西方发达国家用来保持自己经济地位稳固的手段，所以，这些国家几乎很少向中国或者是发展中国家引进这些低碳技术。就算是让引进也必须要按照国际价格来购买，否则又会引起争议。而且这些技术在投入使用时，成本比较高效率也比较低下，尤其是到后期，这些利用率也会大幅度降低。所以在发展技术的时候，如果没有坚实的外部力量，几乎很难把这项技术从开发研究到技术成熟，且很难发展应用到实际当中。所以国家就必须克服这些技术难题，拥有了这些低碳技术才可以使国家站在经济的稳步发展中。在《联合国气候变化框架公约》（以下简称《框架公约》）更加明确强调了技术开发与转让的必要程序，《框架公约》第 4、5 款规定："发达国家缔约方应采取一切实际可行的步骤，酌情促进、便利和资助向其他缔约方特别是发展中国家缔约方转让或使他们有机会得到环境有益技术和专有技术，以使他们能够履行本公约的各项规定。"中国政府应鼓励有能力的企业利用《框架公约》和《京都议定书》的规定，通过国际合作方式积极引进了先进的低碳技术，并在消化吸收的基础上进行创新，力争打造中国特色的低碳经济技术体系。

（二）致力于发展低碳企业和低碳产业

低碳经济作为一种时下新的经济发展模式，在我国目前所处的环境现状下，对企业在政策、金融等方面的影响是巨大的，企业发展低碳经济不仅能降低自身的资源、能源成本，在企业进口中，如果征收二氧化碳税，就会在企业竞争中取得较大的优势，中国企业所拥有的低碳技术在全球中已是佼佼者，可是在中小型企业中却是心有余而力不足，所以应该致力于将低碳技术向中小型企业引进做努力。

（三）成立碳交易场所

低碳技术和低碳产业是支持低碳经济发展的根本动力。据经验总结，碳交易场所可以有效地使低碳技术得到宣传，对于低碳技术的研发也起到了很大的作用，碳交易的场所可以使低碳经济处于能动发展的状态。碳交易已经将资本和实际经济联系起来。通过资本交融来推动实际经济进步。据现状来看，有许多西方国家控制的碳交易及碳排放的诸多程序，然而随着国际碳排放的交易规模逐渐增大，碳排放技术已经成为各个国家争先拥有的核心力量。而据中国国情来看二氧化碳排放量已经占据世界总量的五分之一，所以也必须要尽快将中国的碳排放交易场所争取占领到世界的主导地位中。这样才可以在全球碳交易竞争中保有一定的经济实力，从而促进中国低碳经济及市场的发展。为此，中国建立的碳排放市场需要有以下四个方面来进行：一是建立起与欧洲国家的合作关系；二是建立与日本等亚太地区交易的场所；三是与国内各区域各省之间要形成碳源一致的碳交易场所；四是要在国内设立交易场所，实行碳交易场所企业化。总而言之，要通过从国际上所了解到的碳交易情况，来引进国家从而有利于建设交易场所，使碳交易逐渐成熟。这样才可以与世界对接，发展中国低碳经济的实力和地位。

（四）建立低碳经济制度

中国的低碳经济发展想要在世界上占有一席之地，就必须进行必要的市场改革。吸取归纳其他国家的经验，完善法制体系才是改革的根本。从领导层次监督基层，坚持完成实践。为了实现最大的经济效益必须要由人治向法治方面转变，依靠法律和制度的协同发展，从而推进经济的最大化进步。在政策工具上要选择强制性命令性较强的手段来督促市场进行转变。将重心放在物竞择优的原则上，鼓励中国特色能源发展。比如，清洁能源、碳排减、碳封存等技术的研发与应用上。许多适合中国国情的发展层次上可以在产业区域等侧重于发展电力金属建材等行业，这才是实行经济发展的重头戏。与此同时，实施新的机制，重点发展行业协会来实施管制系统。以公司内部来说，为解决企业资金和市场传播方面问题，要主动积极地采取收费制、标签制和企划等方案，从而鼓励企业向低碳化方面转化，致力于企业的新能源新技术的研究开发，从而促进社会经济的稳步发展。

第三节　生态农业——农业生态化的重要途径

一、更新农业经济发展理念

生态环境问题是当前中国农业发展的严重制约因素，也是农业现代化发展前景中的潜在危机。而生态环境的症结归根结底是人的生产方式和生活方式转变的问题，是人的价值观转变的问题。农民是生态农业建设的主体，是生态农业建设的直接参与者和主要受益者。没有农民生态文化素质的提高，生态农业建设就缺乏根本支撑。我国农业农村发展环境发生重大变化，既面临诸多有利条件，又必须加快破解各种难题，这就要求我们对农业经济发展观念进行转变，只有先进的发展观才有利于将农业摆脱传统的束缚，转向现代化发展。中国要坚持可持续性发展和持久性利用的原则才可以做到农业在经济、生态和社会上取得较大的进步，以持续性发展为核心，坚定不移地走下去。农业循环系统能够处在一个平衡的状态就必须要重视土地的优化分配，保有持久性的运作。中国应用不同的农业模式是因为各区域地理状况差异大，资源和经济条件区别显著，所以要实行因地制宜，因材施教的基本方针，结合当地土地和区域的特色，选择适宜的发展模式，将经济效益达到最大化。

二、生态农业模式多样化

生态系统中物质的有序循环和生产工程中最优化方案的选择及物质生产的系统化是生态工程的意义所在。生态工程的内涵是将不同的生物群落达到共生的状态，让物质与能量可以多级利用，环境与物质循环可协同发展，系统工程最优化方案的选择，使物质与资源的和谐共处多次利用等，都是生态工程的意义所在。为推广生态工程，要注重以下几种方案：一是平原农林工程。这项方案是通过对农业生态而进行改革的复原工程。通过农林雨农果间的生产关系进行合作，使农林能达到保护生产作物的作用，从而增加了土地的有机物质。而且平原农林的这种恢复过程，可以使时间空间光等诸多资源进行多次重复循环，利用这种过程还可以使各方面土地层次上能够生产更多的农作物。二是庭院生态工程。这种工程是将生活中的时间、空间范围等对光热水土等资源进行充分的利用，从而在庭院中的种植养殖都可以达到更佳，使人类的生活更加舒适。三是废弃物二次利用过程。此项生态工程可以对微生物进行利用。就以食物链的递进关系而进行的农业模式，将土地中有害物质通过此项生态工程，就可以得以转化并多次利用，实现良性循环。四是无公害农产品工程。这是对没有污染，没有公害的农作物转化为农作产品生产这一过程的加工。五是水田生物共生工程。水里的生物通过不同类混养达到共生的一种状态，实行互利共惠的原理，从而降低生产成本，减少环境污染，使经济效益最大化。农蓄产品加工增值工程可以使资源有序的流动和循环利用，在生产农作物的加工和运输过程等环节中，能够被紧密地联系起来，达到一种生产效率高、成本低的效益，还可以多次开发多次增值。除此之外，还有对农业生态环境进行治理的特定过程。在此项工程中，是对于土地成分的改变来减少水土流失所造成的影响，主要是通过种植物来降低土地沙化、荒漠化的风险，使沙河土地荒漠化的土地环境得以改善。

第四节　绿色科技——科技生态化的实现路径

我国实行的科学发展观，侧重于以人为本的基本方针，从人民的根本利益出发，为人民谋权谋利，满足人民的需求，保障人民的利益，维护人民的经济发展，让人民共享劳动成果。可是基于中国的国情来说，我国在环境污染、生态危机等问题上，由于人口基数大、人口老龄化等社会问题所带来的压力和困难也逐渐增多。这不仅成为阻挡我国实行可持续发展的一大障碍，也导致我国经济发展停滞不前，天灾人祸等不可抗拒的自然因素也成为我国的经济严重落后的原因之一，甚至成了未来发展的威胁。所以社会的发展不仅要注重到物质上的发展，更应该考虑到人文社会的进步以及经济的各方面需求，社会与生态的作用更不容忽视。在我国现生态化发展过程中，环境仍然是一个棘手的问题，其中科技水平以及治理系统的效率低下是导致现状的重要原因。所以，为了贯彻科学发展观，我们更应该将重心放在研究科学技术的创新并借此解决生态方面的诸多问题。

科技生态化的目的是使科技成为环境保护中的重要一环，这样可以使科技力量在生态形态中得以体现，又可以用生态在科技体系中得以运用。但是生态科技，目的更多的是偏向于研究可以促进整个生态系统良性和循环的方案计划，乃至使用科学技术来优化生态系统内部结构等。而生态科技的产生，不仅仅局限在改变生态环境的，与此同时伴随着较大的经济效益，使经济与保护环境达到共赢。经济的可持续发展才可以促进科技的发明利用，加大科技对于生态的保护力度。科技生态化最根本的定义其实是将生态理论放在科技与科学的研究开发中，用生态思想去指引科技的方向，用自然中的规律为科学技术形成更具体化系统化的方案，这样科学技术才能更好地为全人类与全社会做出更显著的促进作用。

第五章　构建人与自然和谐相伴的生态文化

党中央提出构建有中国特色社会主义和谐社会的宏伟目标，唤醒了国人潜藏于生命之中的生态智慧与和谐理念，使人们的视域开始从生物生态转向文化生态。人类目前正在形成一种新的世界观——生态世界观。社会是人生存的母胎，构建和谐社会就是关于人生存的文化生态建设。人的生命与文化的"生存—转换与转换—生存"便形成了文化生态。文化生态是人与文化及文化之间互动关系的构成，文化生态是人生存的世界。文化生态是和谐社会存在的历史文化基础，和谐是文化生态的本质规定，社会是文化生态性的存在。

第一节　生态文化与社会和谐

一、文化生态

随着人类社会的不断进步与发展，慢慢的人与文化之间的关系产生了很大的变化，人类不是单独存在于环境中的个体，人与自然环境之间存在相互交织的关系，作为高等动物，我们把中间连接的纽带称为文化生态。文化生态是一个内容广泛且极为复杂的概念。什么是"文化"，什么是"生态"，文化与生态是什么关系，两者的能指与所指是什么，只有对这些问题进行分析，才能确定什么是文化生态①。

（一）文化生态概念的提出

任何概念都离不开人。后现代主义哲学认为概念是"他人"的，

---

① 黄正泉．文化生态学［M］．北京：中国社会科学出版社，2015：27.

也就是社会性的。概念既然是社会性的，概念的内涵在不同的时代就有不同的规定。凡是概念都是人给出的，所以任何概念都与人和文化有关。有了人类就有了文化，但人与文化又有差异，正是有了这种差异才有文化生态概念提出的深层原因。文化生态存在的逻辑是人所生存的世界是文化化的世界，文化化则是人生存的智慧，智慧是文化生态。文化生态概念并不是"文化""生态"概念的简单相加。早在1871年泰勒就给文化下了一个经典性定义："文化，或文明，就其广泛的民族学意义来说，是包括全部的知识、信仰、艺术、道德、法律、风俗以及作为社会成员的人所掌握和接受的任何其他的才能和习惯的复合体。"① 这个定义之所以广为流传，并不在于例举的样式，而在于"复合体"，即蕴含了人与文化的关系。但这个定义也只是文化的定义，而不是文化生态的概念。文化概念有近300种，文化概念何其多，不管如何定义，文化总是包括了器物、制度、精神、习俗等样式，文化只能是人的文化。人的文化既是文化，又是人的存在，这存在不是指客观的物体，而是关系，这关系是人这个群体与文化的关系。人在自己的生存过程中，文化也就成为一个动态过程，这个动态过程文化保障了人的生存。文化是人生存的天空大地，文化相对人而言，可以说就是一种生态系统。生态是人生存的意义，生态也是人的文化。

文化与生态发生了深刻的危机，客观的历史事实已经显现出文化生态问题关系到人类生存。如果说人类在创造文化的第一天就有了文化与生态问题，但在人类所处的地球这个大系统之中，人类最早的"弱小"行为是无所谓的。人类在地球上已出现了约300万年，在300万年之内人们对经过几千万年，甚至上亿年所形成的煤和石油一无所获，而只是到300万年之后的最近（工业革命后）300年才大量的开采，还有300年就可以全部采完。人类现在的行为完全是"文化生态"行为了。虽然早在黑格尔那里就有了"异化"理论，第一个诺贝尔奖获得者斯凡特·阿累利乌斯提出，大气中二氧化碳含量加倍的话，地球上大气的温度将会增加 5 ~ 6℃。但这个时候人们对"文化"与

---

① ［美］爱德华·泰勒. 原始文化［M］. 上海：上海译文出版社，1992：1.

"生态"问题还是意识不到的，所以文化生态在这个时候还只是少数精英们的语言，还不可能成为人类的生存智慧。"文化"与"生态"本是两个词，这两个词的边界虽然难以划分，但两个词最早是渊源于人类学中，这意味着是人性的内容。人类对自身研究起源比较早，虽然"作为独立研究领域的人类学是相对晚近的西方文明的产物"①。人类对自身的关注却是普遍的。人类在对自身的研究中，发现人自己总是离不开自然的生命之网，但人又是社会、文化动物。人是文化动物，人在体质上都要受到文化的影响，身体也就是文化的存在。正是在人与文化关系的这个逻辑前提下，人与文化的关系推衍出了文化生态概念。

　　罗伯特·F. 墨菲指出："关于此问题最重要的理论内容来自克罗伯的一名学生 J. 斯图尔德……斯图尔德的'文化生态学'观念出自他对内华达的肖肖尼人的研究。文化生态理论的实质是指文化与环境——包括技术、资源和劳动——之间存在一种动态的富有创造力的关系。"②斯图尔德作为文化生态学派的创始人，他的理论是深深地植根于人类学之中，但又注重的是文化。墨菲在深化文化生态学理论研究中继续指出："正如斯图尔德阐明的，文化生态学的方法并不建立在刻板武断的经济决定论的前提之上。他毋宁将之认作一种社会剖析的谋略，一种理解大量文化材料的方法，在别的问题出现之前要问的一系列首要问题。"③

　　这个阶段是文化生态概念的构建阶段，但这个阶段偏重的是生态而不是文化，文化还只是必要条件而不是本质规定。更为重要的是，文化生态学的产生与发展并没有使"文化生态"问题得到解决，恰恰相反，文化生态问题更加恶化。现在人们处在文化生态危机之中，正是在这种危机中，人们的眼光完完全全盯着"文化"。人们在寻找生

---

　　①　［美］威廉·A. 哈唯兰. 文化人类学［M］. 上海：上海社会科学出版社，2006：6.

　　②　［美］罗伯特·F. 墨菲. 文化与社会人类学引论［M］. 北京：商务印书馆，1994：150.

　　③　［美］罗伯特·F. 墨菲. 文化与社会人类学引论［M］. 北京：商务印书馆，1994：155.

态危机的原因时，从而自觉不自觉地认识到生态思想的主要诉求是重视人类文化。对文化生态智慧进行批判，揭示生态危机思想文化根源的过程中，人们却意识到了这样一个问题，生态危机不是生态系统自身而是我们的文化系统。自然的经济体系已经崩溃，而生态思想成了世界潮流，成为一场文化革命。所谓"生态危机"实际上就是"文化"危机，否则与"文化革命"就沾不上边。文化生态发展到呼唤文化革命，意味着文化生态学发展到了第二阶段。第二个阶段蕴含了向下一个阶段的转化，下一个阶段的核心就是文化生态人性化阶段。

（二）文化生态概念的内涵

我们在研究文化生态的内容时，则将生态文化（生态文明）的内容也纳入其中，这当然是指"文化"是"人化"的存在，并不妨碍文化生态与生态文化具有差异性。文化生态主要指人与文化及文化之间的关系的存在状态。生态文化（生态文明）主要指人与自然关系的状态。但当前关于"文化生态"与"生态文化"概念的含义并没有严格的区分，有时还比较混乱。正如海德格尔与卡西尔关于"人类精神文化活动于'存在'中所扮演的角色这一问题"之争。当时卡西尔坚守某一意义的'人文'观点，并强调人类精神活动为人类存在缔造意义的自主性；但海德格尔却已充分显露了其'反主体性'和对传统人文主义背后的'人类中心'理念的批判意识。"[①]"自主性"与"人类中心"纠结在一起，在内涵上难舍难分。"人文精神"与主体性有差异，但他们的争论并不是围绕"精神"与主体性展开，而恰恰是文化生态问题，即"自主性"或"中心主义"问题。人类中心主义关系到文化生态问题的"基石"，生态文化也关系到这个问题，也是由这个问题所引起的。这也正是我们需要厘清文化生态与生态文化的关系，需要对"文化生态"概念作出新的规定。

关于文化生态的研究已经成为我们这一个时代的主题。各种文化生态定义目不暇接，特别是最近几年有了新的发展。国内学者将文化

---

① ［德］恩斯特·卡西尔. 人文科学的逻辑［M］. 上海：上海译文出版社，2004：4－5.

生态定义为：①文化生态是指由构成文化系统的内外诸要素及其相互作用所形成的生态关系；②文化生态把动态的文化有机整体称为文化生态系统；③文化生态是一定社会文化大系统内部各个具体文化样式之间相互影响、相互作用、相互制约的方式和状态；④"文化生态系统，是指影响文化产生、发展的自然环境、科学技术、生计体制、社会组织及价值观等变量构成的完整体系。"① 所谓文化生态的这些概念，概括地说：一是指文化的相互作用；二是指文化是一个整体；三是指文化存在的方式和状态；四是指文化的变量关系，总之文化生态不是文化，文化生态是文化的关系，是人与文化及文化之间的互动关系。

如果说生态文化是"体外器官"的一种符号系统，那么这个概念主要指"文化"是怎样存在着，或者说是"对象化了"的存在。文化是人作为文化的缔造者"缔造了"的东西，生态文化自然隐藏了"人类中心主义"。现代文化的缔造既给人类带来了福祉，也给人类带来了痛苦。正如卡西尔所说："人们感受到，所谓文化，与其说能带来繁衍，不如说是造成了人与人类存在的真正目的日益加深的疏离。"② 人是文化的缔造者，必然是"中心"。这个"缔造者"自己是怎样存在着，缔造首先是自己对自己的缔造。但在这个"缔造"过程中，"体外器官"的日益强大（计算机）已经超越了"体外"限度，"体外"似乎在支配着"体内"，"体内"似乎承受不住了。体外在支配着人类文化行为，人类似乎反而又成为手段，这就有了人存在与文化是什么关系、人是怎样存在着、人在这个生命大系统中需要怎样存在着、人是为什么而存在着等问题，人自己存在的这些问题就是所谓文化生态问题。"文化存在的理由是在于人类引进了另一个价值标准。真正的价值并不在乎一些有如自然或天命所赋予的礼品一般的物质。真正的价值完全在于人类自身的行为，和在于人类借此行为所要成全的。"③ 人的行为是文化行为，是自己创造自己的行为。不是为了成为

① 司马云杰．文化社会学［M］．北京：中国社会科学出版社，2001：155.
② ［德］卡西尔．人文科学的逻辑［M］．上海：上海译文出版社，2013：163.
③ ［德］卡西尔．人文科学的逻辑［M］．上海：上海译文出版社，2013：164.

什么东西而存在，而是为了存在本身而存在。这个本身的存在是"活"的存在，是创造性的存在。人类自身的行为既创造了文化，又受文化的支配，并有了"另一个价值标准"，从而也就在创造中有了文化生态问题。

二、社会和谐

和谐是世间万物发展的规律，也是社会不断发展与进步的体现，和谐发展是文明价值观的导向，同时也是生态文明建设的最终使命。文化生态与和谐之间存在着千丝万缕的联系，和谐发展从本质上决定了文化生态的养成。

什么是和谐，什么是社会和谐，什么是社会主义社会和谐，需要进行界定。和谐是相对不和谐而言，和谐概念内涵包括不和谐因素，不和谐是"本质差别的整体"，即和谐的一个方面。

（一）和谐概念的提出

人是文化生态的存在，文化与人无法分开。人类如果是从自然进化而来的，这主要指人的生理存在基础或者血肉之躯，但这还不是"人"，或者还只是生理上的人。人成为人不能脱离文化，文化是人类的创造物。人在创造文化中创造了自己，在创造自己中创造了文化。人类在这个过程中大约经过了几百万年。在这个漫长的过程中，虽然具体的细节今天人们不得而知，"此情可待成追忆，只是当时已惘然"。但是，有一点是可以肯定的，人与自然是和谐统一的，又是不和谐的。人与自然不和谐人就无法超越，没有这样的环境，就没有超越的前提条件，人永远都出不来。人从自然界出来以后，自然的和谐又被打破，正是这种被打破才有了人与自然的和谐问题。人与自然的和谐是一切和谐的开始。人与自然的和谐是和谐社会的基础，也是人出现的条件。然而正是人的出现，正是人的超越（"破坏"）便有了非平衡、有了竞争等，有了非平衡、有了竞争便有了"和谐"问题。和谐首先是人与自然关系问题，和谐社会概念是从人与自然和谐的基础上发展起来的。

　　当前学界有一种合逻辑的也是想当然的观点，人类在远古时代到中世纪都是处在和谐状态之中，只有到了近现代（后资本主义）才处在不平衡之中，这是对和谐的不理解。人与自然之初无所谓和谐与不和谐，自然并没有为人类准备一切，人也没有破坏自然。人从自然中出来以后，既有依恋，又有畏惧，从而形成了复杂的情感。人与自然的和谐在原始社会进入到文明社会的过程中，这个过程可能是和谐的。在西方文明中，和谐首先是从社会意识形态——神话中反映出来，神话的基础是情感，情感总是和谐的。神话的内容——人与自然及人的社会性内容，也就是文化生态学的开始。古希腊和罗马的神话是西方文明的灿烂起点，"我们透过古神话可从远离自然的文明人忆起古代与自然共生的人类"。神话是人与自然、社会关系的文学化的记录，是人类漫长的原始发展历程中的情感故事（宙斯）的开始，是人与自然的关系、人与社会的关系的开端。因此我们需要从文化生态学的视域重新改写文化史，重新解读神话、宗教及思想史。

　　文化生态是从人的情感开始的，情感是人类文化生态的"基因"。情感不是理性，理性是科学，科学的开始——哲学。哲学的出现使文化生态学正式起步，哲学就是研究文化生态的内容。然而这一切在远古文化生态中都是"和谐"的存在着，和谐是文化生态的本质规定。古代科学的起源，深层次的原因是古代人的情感。情感的冲动引发了智慧，智慧本身就是和谐之美。"毕达哥拉斯进而用和谐的观点解释宇宙的构成和宇宙的美，乐器弦上的节奏就是横贯全部宇宙的和谐的象征。"[①] 从这里可以体悟到"情感"的深层意蕴，情感就是和谐。和谐就是美，美则离不开情感。古代科学研究的是"和谐"而不是分化世界。古代东方的"和谐"与古希腊的"和谐"则有本质上的差别。如果说古希腊的"和谐"是从"数"开始，中国古代的"和谐"则是从"天人合一"开始。这里的"天人合一"是原始意义上的，而不是后世"义理"上的"天人合一"，主要表现在"图腾"和"音乐"之中。由于中国所处的自然物产、地理环境、气候温和等条件使人与

---

① 凌继尧．西方美学史［M］．北京：北京大学出版社，2004：8．

自然融为一体，人则怀着对自然的依恋之情。情感的发展是灵魂的出现，和谐概念的提出是从情感发展到灵魂而发展起来的。

人类在对自己与文化的认识中，一般认为，人类最早的文化现象是图腾，随后出现的是神话与宗教。原始文化中的"图腾"现象是非常神奇的。在读了《史记》而研究原始思维，从而对中国古代文化进行诋毁的列维·布留尔说："对这种思维来说，构成图腾集团的个人、集团本身，图腾动物、植物或物体，这一切都是同一个东西。在这里，'同一个东西，不应当在同一律的意义上来理解，而应当在互渗律的意义上来理解。"① 从这些论述中，可以领悟到无论"图腾"是什么，无论原始思维是互渗律（原逻辑）思维，还是其他的，在"人猿"相揖别的时代，"氏族的人和动物的成员之间的某种身体上和精神上的近似。""情感对氏族的成员发生了作用"②，从"互渗律"来理解"图腾"，图腾是人与对象的和谐，"图腾"是人与自然和谐的符号，这种和谐的基础是"情感"。"情感"是人与文化生态和谐的人性化的第一缕晨曦。人类和谐思想的形成不仅首先反映在"图腾"符号之中，而且反映在自身的存在状态上，更确切地说应是"原始音乐""原始舞蹈"的符号化之中。"古代初民最早用的是'自然乐器'，就是他们自身的喉舌和手足。他们自身的喉舌和手足。他们兴之所至，情之所钟，则发于喉舌，调节之以手足而成乐歌。"③

（二）和谐社会的关系

社会主义和谐社会不是一种宣传标语，也不是抽象的价值目标，社会主义和谐是世界和谐图景的一个层次系统。世界图景是和谐的，世界是从和谐开始的，社会是世界的一个极为复杂的系统，一个动态的历史过程。不同的时代、不同的社会有不同的和谐。和谐是人类心灵的追求，不同的民族追求不同的和谐。正是在这些意义上，和谐既具有普世意义，又有其独特性。现代物理学提出的"超大统一"理

---

① ［法］列维·布留尔. 原始思维［M］. 北京：商务印书馆，1987：238.
② ［法］列维·布留尔. 原始思维［M］. 北京：商务印书馆，1987：239.
③ 朱谦之. 中国音乐文学史［M］. 北京：北京大学出版社，1989：1.

论，已经证明整个宇宙是统一的，吸引和排斥是统一的，物质与反物质是平衡的，否则物质就出不来，世界就不能存在。宇宙有裂缝才有统一，世界有矛盾才有和谐。"宇宙万物（包括人在内）尽管千差万别、各不相同，但又息息相通，和谐地融为一体，每个人、每个存在者都以这种和谐作为它的根源，离开了这种和谐一体就谈不上有任何存在者的存在；'和谐是本体论的开端范畴'，具有本体意义的形上价值；'和谐'是人类的美好理想，是一种普遍的人类精神；'和谐社会'是'地球村时代'的中国思想界对于宇宙大道的深切体悟……"①和谐是文化生态的根源，和谐是开端范畴同矛盾（包括了和）开端联系在一起，和谐是普遍的人类精神，否则就无法建设和谐世界。和谐作为一种存在状态是普遍的，普遍离不开特殊，有普遍就有特殊，有特殊也就有普遍。为什么我们就不能使用"和谐社会"，而只能使用"社会主义和谐社会"。"这种随意使用概念的方式，越出了概念自身特定内涵，削弱了这一命题的针对性、现实感及其价值关怀。和谐社会的内在本质在于社会主义和谐社会、而非一切社会……而只能说'社会主义的和谐社会。'"② 我们所讲的和谐社会是社会主义和谐社会，这与不能讲其他"和谐社会"是两回事。我们要构建和谐世界，"和谐是本体论的开端"，其他社会也可以讲和谐，但我们的和谐是不同于其他社会的和谐，这是另一个问题。由此说明和谐包括了差异，和谐的构成以不和谐为条件，和谐社会与和谐社会之间有差异，这是历史的事实，是同一性的统一构成。中国古代社会的和谐是封建社会的和谐，这种和谐作为生存智慧可以批判地继承（人与自然），虽然它在本质上是阶级对抗，不是真正的和谐，然而我们的祖先有对和谐的追求，这恐怕是不能否认的。

　　社会主义和谐社会不同于其他和谐社会，构建社会主义和谐社会不同于其他和谐社会的构建，这不是一种武断的肯定，不是贴标签，而应是更高层次的实实在在的构建。

---

　　① 葛修路、林慧珍．关于和谐社会研究的一些思考［J］．哲学研究，2006（8）．

　　② 李泽厚．华夏美学［M］．天津：天津社会科学院出版社，2001：109.

三、生态文化与社会和谐的关系

生态是一种关系，任何关系都离不开生存—转换与转换—生存，否则就无法构成关系。生态关系是一种和谐平衡的关系，否则生态就没有意义，文化生态基于社会的和谐、平衡，否则文化生态就没有意义。社会和谐是文化生态的本质规定。和谐成为时代的主题，人们都在呼唤着构建和谐社会，企盼世界和谐。为什么呼唤"和谐"之声千人唱、万人和，在世界范围内引起共鸣。特别是我们中华民族，自古以来就是讲和谐的民族。和谐关系到人类的生存。今天的世界不和谐，我们的现实社会存在着前所未有的矛盾。今天的矛盾是全球化的矛盾，资源分配不公的矛盾，城乡差异的矛盾，贫富差距的矛盾，人们心灵不平衡的矛盾。今天的矛盾比历史上任何时期更为激烈。社会文化的转型是矛盾的激烈冲突、变化，反文化生态生成，促使社会转型。人存在着的文化生态在转换，各种矛盾涌现出来。物质生活发展了，心灵是否同步发展，物质的丰富是否意味着精神的丰富，随着社会的进步与发展，发展速度的快慢是一把"双刃剑"，没有发展必然是不符合社会化发展进程的，但是发展速度过快同时会激化一些社会矛盾和恐慌，过快的发展速度必然会导致一些社会化因素的不和谐，比如，环境的破坏、社会的功利性、人们相互间的信任感或者人类社会化价值观的偏离等。曾经有学者通过研究表示，人与自然之间的变化存在着必然的因果关系，两者不能单独存在。这种快速发展带来的困扰主要体现在四个方面：首先，社会经济方面要求大家机会平等，在面对同样的市场经济形势下这种机会的平等既有利、也有弊，这在实现共同富裕的目标上存在着一定的困扰；其次，在竞争机制方面，快速发展要求人们既要公平相处避免两级分化，同时又在激活经济上要求先富带动后富，这本身就存在着矛盾；再次，在社会心理方面既鼓励人们竞争，同时又要营造互相信任、相互合作的融洽氛围；最后，在社会化发展进程上要求人们既要提升效率、提升速度，同时又要求社会平等的社会化目标。① 社会心态是一种文化生态深层次关系，双重变奏心态是社会性的悖论。当前社会性的悖论无处不在，在今天似乎无法导向、无法解决。"当前，人们思想活动的独立性、选择性、多变性、差异性的明显增强，民主法制意识明显增强，政治参与意识明显增强，对自我价值的实现，对幸福生活的追求，有着强烈的期待，同时也引起社会失范的焦虑。"这是公民社会的觉醒，也是觉醒的表现。人们每天希望吃鱼吃肉，结果是血脂增高。今天社会心态是"血脂"效应，是富贵精神病。总而言之，社会文化的转型之际，经济全球化时代，出现了许多新的矛盾。

文化在转型，社会在变迁，人类已经跨入文化生态时代。知识经济、信息技术、数字地球、大都市化、虚拟世界、"信息人"等的出现，首先使人与自然的关系发生了巨变，自然也不成其"自然"了。今天人与自然的情感纽结被扯断，人也没有了对土地神的敬畏、崇拜，人们双目炯炯凝视着大地是否能开发，是否能成为商品房的地基和工厂、企业的场地。土地是国家的根基，是人生存的空间。今天土地如何成为商品是一些人最大的理想，经济利益的驱使，科学技术的发展，人类不仅会破坏自然境况，而且有条件去破坏。人与自然关系恶化，这是无须证明的事实。

人与自然的关系是一切关系的基础，一切关系的逻辑前提。关系是文化生态。社会和谐的基础是人与自然的和谐，人与自然和谐是社会和谐的前提条件。自然环境是人的精神升华与寄托之所，是人生存智慧的根基。自然环境是人生存的一个物理世界，同时也是一个符号化的精神家园。物理世界本来就是符号化的存在，相对人而言则是生存环境的内容。在现代文化中"物"已经完全人化了，自然在信息技术中是人使用、支配的符号，是人言说的符号之物。关于物质文化有许多不同的理解，"到底如何看待这种物质世界的非物质状态？人的物化、物的人化、人/物相杂的描述所反映的，究竟是人的危机、人的终结，还是人的未来？现在回答这些问题也许为时尚早。""所有现代

---

① 叶小文. 努力构建和谐社会呼吁共建和谐世界［M］. 北京：宗教文化出版社，2006：2.

大哲们所预言的分野（the great divide），如文化与自然的分野、技术与人性的分野、中性或普遍性的自然（可以作为科学数据的物质性）与不可以科学分析的文化之间的分野只是一种假想。因为这个分野的前提就是文化的。"① 从文化生态视域理解自然或物质，自然或物质是符号化的文化。在文化生态学中，物质体现的是与人的一种关系，或者说是人生存的前提条件。

人类至今对"物质"的认识仍然没有完全视为文化，没有彻底将物质人化，物仍然是物，是外在于人的存在，仍然是人们改造、征服的对象。人和物也就仍然是分裂的。人与物是不能分开的，人是文化生态的存在，物是文化生态的一个层次系统，人与物的关系就是文化生态的内容。说物质文化不是指那个纯粹的"物质"不存在，而是指成为文化生态的存在，更确切地说成为与人的关系。地球上各种物质都与人发生关系，包括地球，这些就构成了文化生态的存在。这就是海德格尔所说的："词语才把作为存在着的存在者的当下之物带入这个'存在'之中，把物保持这个'存在'之中，与物发生关系……词语不光处于一种与物的关系之中，而且词语本身就'可以是'那个保持物之为物，并且与物之为物发生关系的东西；作为这样一个发生关系的东西，语词可以是：关系本身。"② "物之为物发生关系"一语，也就是"物"语言符号化。

语言破碎处，就无物存在。关系也就文化生态化，物成为文化生态的存在，文化生态也没有离开物的存在。在文化生态中，物是生存—转换与转换—生存的一种"存在"、一种载体、一种工具。如果说康德的"物质体"是存在的，那么在文化生态中"物质体"就是"物质文化"。物自身是关系，一句话：物是文化的物。文化生态的和谐才有社会的和谐，这个前提是物化的存在、关系的存在。然而我们在研究社会和谐中，却从来没有将物视为"物化＝语词"的存在，人与物潜在地处在一种对立状态，社会和谐就没有自己的存在之基。

社会和谐首先是人与自然的和谐。人与自然的关系是文化生态的

---

① 孟悦，罗钢．物质文化读本［M］．北京：北京大学出版社，2008：20.
② ［德］海德格尔．通向语言的途中［M］．北京：商务印书馆，2009：178.

第一个层次，这个层次是其他层次的基础。社会既是文化生态的一个层次，也是在这个基础上构建起来的。人类社会发展到今天，已经从原始文明、农业文明、工业文明到文化生态阶段，这些文明或社会文化都以文化生态为基础，而且自身就是文化生态的现象形态。社会相对人而言是一种文化生态系统，自然文化、农业文化、工业文化都是人类所构建的不同文化生态。人必须生活在物理世界之中，自然文化、农业文化、工业文化是物质文化的阶段性划分，社会也就必然规定在物质形态之上。这些理论都是在传统哲学的理论框架之中构建起来的，在表现形态上也是符合人的感性知识的。人们首先接触的总是具体事物本身。现代文化已经转型，现代文化是信息文化，"随着社会从工业时代到信息时代以及信息对于人的生存的重要性和消费比重的增加，人类从物质依赖型的生活过渡到了信息依赖的生存方式"，"人除了物理意义上的存在之外还是一种'信息存在'，人的存在不仅以生物体形式展现，还能够以信息数据的形式被描述，人具有了一个不同于生物外观的信息化外观"①。信息使文化与人都发生了变化，具体事物转换为信息，信息化（数字化）是文化的存在。文化是一种生成着的符号信息系统，信息化是真正的语言符号化。文化生态符号化，符号化形成"信息生态"，信息生态符号化，所以现在真正开始进入了文化生态时代。

　　文化生态是社会存在的历史文化基础，这是社会的"事实性"存在。从"事实性"到"生命"再到"意义"，社会才是人生活的意义系统，社会已经生存—转换为生存智慧。"社会—文化生态"相对人而言，是生存智慧的结晶。追求和谐是人类一个古老而美丽的梦想，这梦想是未实现的智慧。文化生态是一个复杂而神奇的温床，社会是这个温床上的情侣。社会和谐与文化生态是一致的，社会的和谐必须是文化生态的和谐。文化生态是社会和谐的基础，没有文化生态的和谐就没有社会的和谐，这一切就在于文化这个意义世界之中。文化生态是人类所处的整个自然环境和社会环境各种因素交互作用所形成的

　　① 肖峰. 信息主义：从社会观到世界观［M］. 北京：中国社会科学出版社，2010：466.

生存智慧，自然环境和社会环境是人存在的无机中的有机部分。天地万物为一体，人与自然的关系是社会和谐与文化生态的基础，也是前置的第一因素。

人与自然的关系不是哲学上的那种抽象关系，不是所谓整体与部分、普遍与特殊、客观与主观等，而是生态关系。所谓生态关系，是指人与自然、人与历史、人与社会、人与自我实在的和谐关系。生态关系是人与文化的各种关系在文化生态中共生共荣，共生共荣是和谐，仁厚之心达成和谐。首先人与自然的和谐必然带来各种和谐。人与自然的和谐首先是人如何对待自然，关爱自然。仁厚之心关爱自然，人作为自然之子将自然视为"父母"，投身到自然的怀抱。人有仁厚之心也就必有包容之心，人与天地融为一体，人有天地境界。仁爱之心也就是敬畏之心，人有了爱自然生物的心理，也就必然有爱他人的心理。人是社会的人，人是生活在社会之中的，爱自然生物必然会爱社会、爱他人。社会的和谐是建立在人与自然和谐的基础上。

第二节　生态文明时代的主流文化

在人类发展的漫漫历史长河中，不少文明古国凭借着优越的自然地理环境和人类的勤劳智慧创造了灿烂的文明，但由于种种原因，文明最终走向衰败和消亡。只有中华文明是唯一延续至今未曾中断的文化形态，成为世界文明史中仅存的硕果。中华文化就是民族的血脉，维系和滋养着中华民族的生存与发展，虽历经磨难却始终保持着顽强旺盛的生命力。

随着社会化进程的发展与进步，工业时代兴起的功利主义必然会被新时代下的和谐文明价值观所取代。而这种和谐的文明价值观主要体现在构建健康的生态文明上，只有把传统文化中的精华和现代文明中的先进文化相结合，才能从真正意义上促进人类生态化文明的形成和完善，才能促进人类与自然的和谐发展。

一、与文明进步契合确立了生态文化的地位

生态文化追求一种人与自然、人与人、人与社会和谐相处、协调

发展的理想状态，在现阶段以至未来都能够得到社会成员的认同和接受。而且生态文化在反思过去、总结现阶段问题中为生态文明建设提供了内在动力，引领我们将生态文化的理念融入到生产生活的各个方面，在其影响下全社会将确立起引导政府部门决策行为的政绩观，培养尊重善待自然的道德观，倡导科学合理的消费观等。必须着力弘扬生态文化，使其适应时代要求，培育优美的生态环境，使人民在享受良好生活的同时，促进身心健康和全面发展。

（一）生态政绩观的导向

2005 年联合国《千年生态系统评估》探究了人类福祉的问题，认为人类福祉包括很多方面，有良好生活所需基本资料，拥有清洁的空气和干净的水，良好的社会关系，安全获取自然和其他资源的权利等。2007 年北京澳丁公司《中国城市居民生态需求调查》也显示，90% 的城市居民关注自己周围的生态环境，70% 的居民要求政府部门采取有效措施，提高生态环境质量。[①] 随着经济社会快速发展，人民群众对良好生态环境的需求越来越迫切。而保护环境与生态是非常复杂的社会系统工程，这是其他社会组织或个人无法独立完成的，只有依靠国家和政府的力量。

（二）生态道德观的约束

20 世纪 60 年代，美国著名生态学家利奥波德（Aldo Leopold）在《沙乡年鉴》（A Sand County Almanac）中提到，人类道德观的进化可分为四个阶段，进入 19 世纪道德发展将进入第四个阶段，一种生态的道德观产生。利奥波德还延伸出与自然事物交往的是非标准：当一事物有助于保护生物共同体的和谐、稳定和美丽的时候，它就是正确的，当它走向反面时，就是错误的。[②] 人类之所以承担对自然的道德义务和

---

① 叶智.领导干部要牢固树立与科学发展观相适应的生态政绩观［J］.生态文化，2008（8）.

② ［美］奥尔多·利奥波德.沙乡年鉴［M］.吉林：吉林人民出版社，1997：213.

责任，是因为所有生命都具有与生俱来的平等权利，一切生命体都有独立的内在价值，因此尊重所有的生命，是人类遵守生态道德观的必要条件。生态道德观是生态思想与道德观念的结合，是发展到更高层次的道德观念，从全新视角建立了人与自然的关系、人与人的社会关系，把自然纳入道德关怀之内，认真积极地承担对自然环境应负的道德责任，这一点在全球已经基本达成共识。

生态道德的提出与生态道德观的构建与约束，是新时代人类处理生态环境问题的新思路，也是对传统伦理道德的传承和创新发展，标志着人类思想道德的升华和文明的向前进步。生态道德观对人类行为的约束，一方面是将其理念和基本原则贯穿于法律之中，具有执行的强制性；另一方面更依赖于引导人们的生态意识、道德修养的教育培养和生态道德的自我约束。因此，生态道德观的生成不是一蹴而就、一夕而成的事情，而需要长期的积淀和培养。

实际上，生态道德观念一直存在于许多国家和地区的传统文化中，尤其是中国的传统文化里。宋代张载的"民胞物与"思想最能反映出古人以仁待万物的生态道德观，其他民族传统在与自然的长期冲突与平衡中，也孕育出独特与和谐的生态道德观。少数民族的生态道德观，常以禁忌和崇拜的形式表现出来，如侗族人民世居山林，视山为神，认为要打猎必须得到山神准许。在日常生产和生活习俗中，很多民族也蕴含着丰富的生态道德智慧，蒙古族传统生产生活中就贯穿着保护草原生态平衡的生态道德意识。少数民族的生态道德观有效地规范约束了人们对自然的态度和行为，维护了地区生态平衡。

反思人类在自然界中的生产生活方式，生态文化提出了相应的道德规范，实现人与自然和谐共生；从生态伦理的角度看，生态文化就是以人与自然的和谐共生为核心价值取向的绿色文化、和谐文化。生态文化基于中国传统文化天人合一的整体世界观，强调人与自然之间天然的同体同源关系，借鉴现代生态科学的智慧，形成生态伦理道德观，将人类道德视野放大到了由人与自然构成的整个世界；生态文化的哲学智慧把世界看作"自然-人-社会"复合生态系统，深刻揭示了万物相连、包容共生，平衡相安、和谐共融，平等相宜、价值共享，永续相生、真善美圣的生态文化思想精髓，回答了生态系统的有机创造性和内在联系性，即"天地中有万物，万物中有人类，人类中有我"，人类是地球生命系统中的一员，与其他生物及其环境因素具有功能和结构的依赖性，构成鲜活的生命共同体。

（三）生态消费观的倡导

1992 年联合国环境与发展大会《21 世纪议程》指出，"地球所面临的最严重的问题之一，就是不适当的消费和生产模式，导致环境恶化，贫困加剧和各国的发展失衡"，并呼吁"更加重视消费问题"。地球上的资源毕竟是有限的，如果全球近 70 亿人都这样毫无顾忌地消耗自然资源，可以毫不夸张地说，我们的地球将在"一代人的时间里就会流尽最后一滴血。"[①] 人类只能选择生态消费观。生态消费观是人类活动与社会文明在不同历史阶段的产物[②]，不仅有利于社会经济持续增长，确保自然环境得到保护和改善，还能实现人与自然、人与人、人与社会的和谐相处。

在生产消费上，不少企业仍远没有达到环保要求，生产污染严重、假冒伪劣产品泛滥。在生活消费上，污水和生活垃圾不断产生，不断增量的高排量汽车使空气污染越来越严重，消费主义悄然改变着大众的价值观。事实证明，中国不能以资源的高消耗、环境的重污染为代价来换取高消费的生活方式。当然，生态消费观并不是让人们放弃消费，贫穷不是社会主义，更不是社会主义生活的固有特征。《中国 21 世纪议程》指出："中国只能根据自己的国情，逐步形成一套低消耗的生产体系和适度消费的生活体系，使人们的生活以一种积极、合理的消费模式步入小康社会。"

---

① 余谋昌．创造人类美好的生态环境［M］．北京：中国社会科学出版社，1997：148－150.

② 早期空想主义者代表托马斯·莫尔（Sir Thomas More）在《乌托邦》（Utopia）中有关于消费健康和美好消费等问题的设想；托马斯·孟（Thomas Mun）在《英国得自对外贸易的财富》（England's Treasureby Foreign Trade）提出和论证了适度消费的原则；意大利的康帕内拉（Tommas Campanella）在《太阳城》（The City of the Sun）中倡导消费生括平均化、衣食消费季节化、文化消费文明化的太阳城消费模式。

中国传统生态文化消费观念中，儒家主张等级消费，道家提倡简朴自持和知足常乐，墨家认为要节约节俭，"俭节则昌，淫佚则亡"（《墨子·辞过》），都不同程度地反映了去奢从俭的意向。崇尚节俭还是世界性美德，古罗马哲学家西塞罗（Marcus Tullius Cicero）认为在一个家庭中，或是在一个国家中，最好的财富之源是节俭。在马克斯·韦伯（Max Weber）看来，以节俭的生活态度和美德对待物质财富，能够使之成为社会价值或财富增长的有效资源。而且提倡节俭之德，还可以有效地防止和遏制腐败现象。

二、生态文化崛起与中华复兴的时代

马克思早就告诫过我们，文明如果不是自觉地发展，而是自发地发展，最后只会留下一片荒漠。生态文明建设要求生态文化体系的构建更具战略性、前瞻性、科学性和适应性。中国已进入全面建成小康社会的关键时期和深化改革开放、加快转变经济发展方式的攻坚时期，中国未来的发展需要有与之相匹配、相适应的生态文化作为支撑。生态文化是物质生产和精神生产高度发展，自然生态与人文生态和谐统一的文化。生态文化将致力于消除人类活动对大自然自身稳定与和谐构成的威胁，逐步形成与生态相协调的生产生活与消费方式。生态文化维持良好的环境和生态系统，带来的不仅是地球的可持续发展，还能够适应群众文化需求新变化新要求，使物质文化和精神文化生活更加丰富多彩。

因此，生态文化的理论与实践创新发展，不仅是推进生态文明进程的基础建设，更是现阶段乃至未来很长时期内丰富人民物质文化的生态需要，生态文化将最终解决生态需求旺盛与供需不足的矛盾。这对于人均资源占有量较少和生态环境比较脆弱的中国来说，显得尤为迫切。当发展主题与生态危机交织在一起时，在加快转变发展范式的历史背景下，中国独特的生态文化哲学智慧，不仅有利于环境改善、经济发展和社会进步，也是保证经济社会稳定健康、可持续发展的软实力。需要注意的是，中国的传统文化和信仰对社会稳定和生物多样性的保护起到过巨大作用，在发展时必须考虑特定文化背景。

（一）生态文化体现了社会主义先进文化前进方向

　　具有历史渊源的中华生态文化是人类社会创造的重要文化，生态文化的根本价值向度，体现了社会主义先进文化的前进方向，是生态文明建设的基础支撑。生态文化的理论与实践创新发展，表明人类将进入到建立在人与自然和谐相处基础上的新时代，进入到社会主义文化大发展大繁荣的新时期。正如马克思所说，"是人和自然界之间、人和人之间的矛盾的真正解决，是存在和本质、对象化和自我确证、自由和必然、个体和类之间的斗争的真正解决"。①

　　社会主义文化大发展大繁荣，是党的十七大关于社会主义文化发展的新战略，党的十八大再次强调要扎实推进社会主义文化强国建设，为当代中国社会主义文化的发展指明了前进方向。推动社会主义文化大发展大繁荣，"要坚持社会主义先进文化前进方向，兴起社会主义文化建设新高潮，激发全民族文化创造活力，提高国家文化软实力，使人民基本文化权益得到更好保障，使社会文化生活更加丰富多彩，使人民精神风貌更加昂扬向上"。②

　　促进社会主义文化大发展大繁荣，物质与精神两者都不可或缺，只有生态文化能够同时满足要求。生态文化努力开创生产发展、生活富裕和生态良好的生态文明发展道路，坚持促进人类与自然的和谐，改善生态环境和美化生活环境，改善公共设施和社会福利设施，使人们在优美的生态环境中工作和生活。在文化大发展大繁荣的背景下，从生态文化公益服务方面，推动企业与民众参与公益事业，开展有针对性的生态文化公益活动，并注重生态文化公益理念的宣教传播，这些都是繁荣社会主义生态文化的题中之义。

　　促进社会主义文化大发展大繁荣，是建设生态文明，实现人类社会可持续发展、自然生态系统永葆生机的需要，与之相适应的必定是生态文化。生态文化体系所树立的生态价值观、生态道德观和生态发

---

①　马克思恩格斯文集（第1卷）［M］．北京：人民出版社，2009：185.
②　胡锦涛．高举中国特色社会主义伟大旗帜为夺取全面建设小康社会新胜利而奋斗［M］．北京：人民出版社，2007：33-34.

展观，将为社会可持续发展提供精神动力和生态文明建设的基础支撑。

促进社会主义文化大发展大繁荣，是我国面向世界适应全球化的需要。生态文化能够最大限度地凝聚各种力量，伴随着全球化的浪潮，齐心协力建设中国特色社会主义。我国 56 个民族间虽然文化习俗大不相同，但其生态文化精髓都大致相通，因此"不同民族和不同经济文化类型之间的联系与交往已经成为良好的传统，在此基础上，形成了文化共存、文化认同、文化共享、文化共荣、文化创造的局面"①。生态文化在民族交融的过程中，在尊重差异中扩大社会认同，在包容多样性中增进思想共识。生态文化弘扬中华民族的时代精神，强化核心竞争力、营造核心影响力，在建设经济和政治强国的同时建设文化强国，这正是生态文化精髓。

生态文化之美是与生态之美的最佳契合，生态文化繁荣发展的另一个结果就是提升对自然之美的爱，唤醒人类保护生态环境的意识和行动。人类幸福生活的所在，绝不仅仅是物质的极大丰富。自然之于人类，不仅仅是生存之源，更是精神家园。对自然之美的欣赏与爱护却是人类长期以来忽略的一面，自然美实际上到处都有，但人们往往对其熟视无睹。正如罗丹（Auguste Rodin）所说："自然中的一切都是美的。"② 其实不是缺少美，而是缺少发现。审美活动是人类不可缺少的一种实践活动，作为人的自由性存在和现实超越性的生存方式，是人之所以为人的重要标志。诗人荷尔德林（Hlderlin Friedrich）首先提出："充满劳绩，然而人诗意地，栖居在这片大地上。"③ 哲学家海德格尔（Martin Heidegger）通过对这句诗的分析得出："人类此在在其根基处就是诗意的。"④ 事实上，真正意义上的情感满足和精神快乐，既在自然又在人类本身。正如尼采（Friedrich Wilhelm Nietzsche）

---

① 余梓东. 文化认同与民族服饰的流变［J］. 中央民族大学学报（哲学社会科学版）2006（6）.

② ［法］罗丹，奥古斯特葛赛尔. 罗丹艺术论［M］. 北京：中国社会科学出版社，2001：16-17.

③ 孙周兴. 说不可说之神秘［M］. 上海：上海三联书店，1994：191.

④ ［德］马丁·海德格尔. 海德格尔选集［M］. 上海：上海三联书店，1996：319.

所倡导回归一种原始思维万物有灵论所表现出的存在方式，从而消解人与自身、人与自然间的疏离感，最终达到相融统一的境地，这种生存方式与中国传统的"天人合一"不谋而合。

（二）关于21世纪东方文化的预言

当生存家园和精神家园都遭遇困境时，许多思想家开始思考解决问题的办法。他们预言，21世纪将是东方文化占主导地位的世纪，只有乞灵于东方生态文化哲学来正确认识人与自然之间的关系，才能挽救人类面临的危机。西方思想家如叔本华（Arthur Schopenhauer）、赫胥黎（Thomas HenryHuxley）、汤因比（Arnold Joseph Toynbee）、罗尔斯顿（Esther Ralston）等，都强调古代东方生态智慧的重要意义。东方生态文化经验的和谐性和包容性，向全球播撒自己的有益经验并造福人类。

事实上，未来的出路只能是重新认识人与自然的关系，东方的生态思维方式和人与自然和谐发展的生态价值观念将会指引未来的发展方向。对此日本学者薮内清（Kiyoshi Yabuuchi）谈道："在世界上，与中国同样建立了古老文明的地域有埃及、中东、印度河流域等，然而无论哪一种文明，都早在二千年前就灭亡了。没有一个能像中国那样，使同一民族及其文明保持到今天，中国文明的产生真可以说是世界的奇迹。"[①] 东方生态文化作为一种谦和的文化，尊重每个人和每个主权国家，不因文化背景、历史种族而有亲疏，这才是人类未来具有公信力的公正之声。因此，如何发现被忽略的东方文化和生态文化，解决生态环境良性发展和未来精神家园的问题，是今后的发展方向。

三、共创生态文明，共享幸福未来

在国际空间站（International Space Station，ISS）的行为准则中重要的一点就是："国际空间站机组成员应该通过互动、参与性和注重关系的交往方式，充分考虑机组成员的国际性和文化多元性，保持和

---

① ［日］薮内清. 中国·科学·文明［M］. 北京：中国社会科学出版社，2000：5.

谐团结的关系，以及合理的信任和尊重。"如果把规则中的机组成员改为国家的话，就成为"地球上的各国应该通过互动、参与性和注重关系的交往方式，充分考虑各国成员的国际性和文化多元性，保持和谐团结的关系，以及合理的信任和尊重"。半个世纪前，人类的生态环保意识开始萌发，进入21世纪，全球终于拉开了弘扬生态文化，建设生态文明的序幕。

（一）生态文化与民族精神的永恒主题

中华民族是一个拥有五千年历史和文明的古老民族，民族认同感、民族凝聚力以及生命力，都是将中华儿女融为一体的民族精神。"国民之魂，文以化之；国家之神，文以铸之"，文化是民族的血脉和灵魂，是国家发展、民族振兴的重要支撑。中华文化源远流长，是中华民族历经沧桑而不衰、饱受磨难而更坚强的根本所在。

西方文化输入对年轻一代产生极大影响，越来越多的中国青年人爱过圣诞节、情人节等洋节，推崇西方生活方式，而传统文化的影响却在减弱。西方当代文化在全球化中推行的方式可谓是"三片文明"。①

中国生态文化传统思想对现代生态文化思想具有重要的指导意义，随着时代发展，在人和自然关系的文化价值取向上日益彰显出其厚重的文明积淀。"民族精神是一个民族赖以生存和发展的精神支撑"②，人们的生活需要精神依托，否则生活就失去意义。在西方国家宗教为人们提供精神安慰和人生关怀，东方儒家"天人合一"、道家"道法自然"、佛家"万物平等"的传统生态文化思想，以及各民族的优秀生态文化，让我们拥有了民族认同感、凝聚力和生命力。生态文化精髓与民族精神的融合，将增强社会整合性和民族凝聚力，达成社会主义和谐社会各项目标，为生态文明建设作出更大贡献。

首先，在民族认同感上，生态文化的思想精髓，无论是传统的，还是现代的，都是对中华民族基本价值的认同，提供给华夏儿女身份

① 王岳川、胡淼森. 文化战略［M］. 上海：复旦大学出版社，2010：95.
② 江泽民. 江泽民文选.（第3卷）［M］. 北京：人民出版社，2006：559.

认同或精神品格。作为生态文化传统和理念，无论是汉族，还是其他民族，都能够在深层次上促进和谐社会的文化认同。其次，共同的生态文化精髓使各个民族联系到一起，拥有民族归属感与自豪感，成为当下和未来中华民族奋发进取、建设生态文明的强大内在动力，使民族生命力旺盛而又长久。当置身于世界民族之林，最终能将我们与他者区别开来的，仍是那些传统文化基因。当民族失去了自身的文化传统，民族所生存的环境失去了生态平衡，民族危机必将到来。一旦中华传统文化精髓消失殆尽，新的价值体系将如无源之水、无本之木，难以成就，我们将成为无家可归的精神漂泊者。

生态文化作为中华文化的精髓，思想历久弥新，具有无限生命力，是最宝贵的精神财富，不光在今天对建设生态文化体系有着促进作用，即使在将来也会产生重大意义。必须坚持中华民族的民族精神、传承生态文化，"一个民族，没有振奋的精神和高尚的品格，不可能自立于世界民族之林"[①]。

(二) 发展生态文化，建设生态文明

人类文明建设好人类文化价值观的形成离不开生态文化的建设，这种生态文明体现在人与自然的和谐发展上，也是人与自然关系发展的决定性因素，只有坚持生态化文明建设，才能促进人与自然的和谐发展，同时这对于世界生态系统的维稳发展也起着积极的促进作用。因此，要尊重利益和需求多元化，注重平衡各种关系，避免由于资源分配不公，以及权力滥用而造成对生态的破坏。"空谈误国，实干兴邦"，建设生态文明必须将生态价值观融入社会主义核心价值体系，成为政府和公民的行为向度。

1. 将生态文化价值观融入社会主义核心价值体系

生态价值观融入社会主义核心价值体系，首先要按照"生态优先、保护优先、资源节约、循环利用"的原则，开展生态价值观宣传教育活动，充分认识到森林、海洋、湿地、草原、沙漠绿洲等自然生

---

① 江泽民．江泽民文选．(第3卷)［M］．北京：人民出版社，2006：559.

态系统和农田、城市、村镇等人工生态系统的生态功能价值、生态经济价值、生态文化价值、生态支持价值和生态服务价值。努力实现转变价值观念，坚持以促进人与自然和谐共生、协调发展为核心，树立"生态有价、环境有价、资源有价"的生态价值理念；转变发展方式，坚持绿色发展、循环发展、低碳发展，树立"维护生态、保护环境、节约资源"的生态责任意识。转变生活方式，坚持勤俭节约、绿色出行、理性消费，树立文明健康的民族传统美德，将生态文明价值理念上升为民族意识、主流思潮和时尚追求，在全社会营造"保护自然，珍爱生命，关注生态，珍惜资源"的良好氛围。

坚持经济社会与资源环境协调的科学发展观，要把资源消耗、环境损害、生态效益纳入经济社会发展评价体系，建立体现生态文明要求的目标体系、考核办法、奖惩机制；坚持人与自然和谐的生态价值观，建立健全国土空间开发保护、制约制度和最严格的耕地保护制度，水资源、森林和野生动植物资源、湿地资源、草原资源、矿产资源、海洋资源等的保护管理监督制度，强化生态环境保护监管制度，健全生态环境保护责任追究制度和环境损害赔偿制度；坚持公平共享、责任共担的生态伦理观，深化资源性产品价格和税费改革，建立反映市场供求和资源稀缺程度、体现生态价值和代际补偿的资源有偿使用制度和生态补偿制度；"坚持节约优先、保护优先、自然恢复为主的方针"，把生态伦理道德准则逐步延伸到对野生动物保护。

2. 夯实生态文化建设基础，实现生态文明

生态文化建设是生态文明建设的保障，这包括生态文化公共服务体系，生态文化传播体系、生态文化传承与创新体系和生态文化制度体系四个方面。将生态文化事业组织体系建设、生态文化创意产业建设、传统生态文化挖掘整理和理论创新研究建设、生态文化宣传与教育及其载体建设、城镇社区和乡村生态文化休闲游憩场所建设等作为重点工程。建立政府主导、财政投入、社会和民众参与的生态文化宣传教育机制和普遍均等化的新型城乡生态文化服务机制，完善生态文化基础设施和公共服务载体建设，为推动生态文化发展和生态文明建设发挥示范、普及和导向作用。

　　同时还要组织科教专家和专业技术人员编写用于科学普及、基础教育和专业人员培训的书籍和教材，在各类自然保护区编制乡土教材。加强教材的研发和专项投入，将生态教育作为学校和国民教育的必修公共课程。重视生态文化在青少年和儿童中的传播，出版科普读物及影像制品，做到生态文化教育进课堂教材、进校园文化、进户外实践，把生态教育意识上升为民族意识和国家意识。要在全国开展"生态文化教育示范基地""生态文化村""生态文化示范社区""生态文化示范企业"创建活动，进一步提高生态文化村（社区）的覆盖面，将生态文化创意产业建设、传统生态文化挖掘整理和理论创新研究建设、生态文化宣传与教育及其载体建设、城镇社区和乡村生态文化休闲游憩场所建设等作为重点工程，让生态文化进城镇、进乡村、进企业、进社区。同时，充分发挥各种自然保护组织和社会团体在宣传方面的作用，积极调动社会各界参与生态保护事业。

第三节　现代生态文化建设

一、现代生态文化建设的历史条件

　　我国是一个古老的农业文明大国，文化生态独具特色。乡村文化生态是一种具有特色的区域性文化生态。乡村文化生态既是乡村社会发展的基础，又为乡村社会发展提供精神动力和智力支持。没有乡村生态文明的平衡、协调发展，没有加快推进农村社会生态文明建设，就没有整个社会的健康持续发展。文化生态是文化整体的关系，文化生态如何建设，这比想象的更为复杂。

　　现代文化生态在全球化的大背景下，在信息化的浪潮中，城市和乡村更加紧密地联系在一起。人类到今天还只能生活在大地之上，地球还是人生活的舞台。地球犹如天幕，城市犹如镶嵌在天幕上耀眼的星星，而乡村则是天幕上散落的群星。但是现代文明却是工业文明，工业文明似乎是城市文明，城市文化生态建设因此受到了重视，现在的文化生态建设主要是城市的文化生态建设。文化生态的本性是和谐、联系、平衡，轻视乡村文化生态建设本身就与文化生态建设相悖。我们需要建设"城市田园"，也需要建设"田园城市"。现在生活在都市的人们，节假日希望到农村去，这就是因为城市没有成为"城市田园"，乡村也没有成为"田园城市"。

历史给人机遇，机遇稍纵即逝，机遇往往使人庆幸或遗憾。在以往的农村社会发展研究中，将文化生态建设研究放在次要地位，甚至认为广大乡村山清水秀，田园牧歌不存在生态问题，更没有意识到文化生态建设是农村社会发展的关键。农村文化生态建设严重滞后于城市，人们关注现代农业但不关注农村文化生态。然而，恰恰是现代农业与农业现代化破坏了农村文化生态。

文化生态是人类自己的生存家园，文化生态不是生物学的生态学，文化生态是人的生存系统。文化生态建设极为复杂，是理论与实践的双重变奏，什么是建设？建设是设置、创立、发展。建设是创新，创新才是真正的建设。建设也是转换。《汉书·叙传下》："建设藩屏，以强守圉。"《礼记·祭义》："建设朝事。"人的劳作就是建设，劳作包括精神与体力，建设包括理论与实务两大系统。文化生态建设包括人与自然的关系、人与历史的关系、人与社会的关系、人与自我的关系的构建。文化生态由这四个层次构成，对这四个层次的劳作即文化生态建设。文化生态建设是最复杂的建设，不仅包括实务建设，还包括理论建设。理论建设也是理论批判，理论批判是对理论的反思，理论的反思是理论的哲学基础的构建。没有理论的哲学基础，就没有真正的理念，也没有真正的建设。文化生态建设首先是文化生态学的建设，从文化生态学视域审视学科建设，在文化生态学中，"生态""生态文明""文化生态"这些概念各有不同的含义，然而这些概念在今天还是比较混乱的。生态文明是一切文明的基础，原始文明、农业文明都不可能离开"生态"文明。生态文明的本质要求就是人与自然的辩证统一。人类进入文明时代，所有的文明都是生态文明。原始文明、农业文明是"生态"的文明，工业文明也是"生态"的文明，文化成为"生态"就是生态文明。工业文明之后只能是文化生态，文化生态是"生态"成为文化，生态成为文化才是一种新的文化形态。

人类文化生态建设首先是农业城市的建设，没有农业城市，农业文化就如一盘散沙而不能成其为文化，文化也无法传承下来。农业城市的出现并不是文化生态时代的到来。城市作为一个聚落形态，城市是人类历史发展到一定阶段的产物，也是人类社会进入文明时代的标志之一。"如果以有一定的规模、有一定的永久性的大型建筑、有一定的手工生产场所和交换贸易场所、有一定的城市基础设施、有比较密集的居民居址这五条标准来衡量中国古代城市，夏代中后期的二里头古城可视为城市形成的标志。"① 这个标志正是文化生态的标志。农业文化是古老的文化，文化与自然物质不同，就在于经过了人的创造，人的创造使文化成为文化生态。"在殷墟遗址的发现中，我们知道殷墟曾是一座起码十平方里以上面积的城市，其市区内的版筑房屋、宫庙、手工作坊并存。从其房屋遗址的密集程度看，殷都当时的人口已经相当集中。唐人张守节'正义'的《史记·殷本纪》引《竹书纪年》云：'自盘庚徙殷至纣之灭，二百七十三年，更不徙都。纣时稍大其邑，南距朝歌，北据邯郸及沙丘，皆为离宫别馆。'""到了西周就已经形成了我国历史上第一次城市建设，从此城市对于整个社会政治经济文化生活产生了重要的影响。"② 城市的出现不仅是对文化生活产生影响，而且是真正的文化生态建设。城市是文化的集聚，是一个文化生态系统。农业文化是散落在广袤大地上的村落形态、生产方式、动植群落等文化现象，城市则把这些文化现象组合起来，城市既是这些文化现象的中心，又使自己成为文化生态。

中国古代的城市与农业文化没有本质上的差别，在文化生态中也就没有什么城乡二元结构。所谓城乡二元结构是随着工业化城市的出现而出现的，也是西方工业文明冲击的产物。中国古代农业文化有什么城市二元结构，虽然说城市与乡村毕竟不同，但城市文化并不完全不同于农业文化。农业城市与农业文化最主要的差别在于：文化的空

① 谢遂联．唐代都市文化与诗人心态［M］．杭州：浙江大学出版社，2010，第1页．

② 谢遂联．唐代都市文化与诗人心态［M］．杭州：浙江大学出版社，2010：1.

间缩小；以政治为中心；散居变为集聚居住；人际关系更为复杂。正是这些差别使文化成为文化生态。农业城市与农业文化的这些差别集中在政治上，城市是封建专制的中心，而农业文化的经济是自然的经济，自然经济的政治是淡漠的。农业城市与农业文化的这些差别隐藏着"二元论"的深刻矛盾，但这些矛盾还只是一个胚胎，还没有公然的对立。这个矛盾发展到今天，才使城市的文化生态处在分裂状态，城市文化生态与乡村文化生态在博弈。

城市文化生态是乡村文化生态的支柱，城市文化生态是在乡村文化生态系统中建设起来的。城墙的建设甚至还有护城河的挖掘把城市与乡村从空间上隔绝开来，同时使城市成为森严可怖的精神实体——政治中心。但是中国古代的城市仍然不具有工业文明的性质，所以工业文明无法从城市文明中自发的发展，我们今天仍然有着都市化建设的历史任务。农业文化生态是"自然性"的文化生态，自然性的文化生态是原始的世界，原始世界在文化生态中就是原生态。我们的祖先在黄河长江流域的生态环境中，自然而然地产生农业文明，但无法自然而然地产生工业文明。所谓农业文明就是农业文化生态，农业的基因——地缘、血缘、宗法、家族、村落、长幼、生活、道德、习惯、亲情等发育为文化生态，这种文化生态把人"制造"为农民。农民不是制造工业文明的人，工业文明也不能制造农民，农业文化制造了农民，农民没有制造工业文明。农民不是原始人，农民是被制造出来的文明人，文明人不是生态人。

二、现代生态文化建设的现实基础

伴随文化生态的脚步声与议论声在全世界的响起，文化生态问题成为全世界的问题。文化生态怎样建设，建设什么样的文化生态，文化生态建设的哲学基础怎么样，这些是文化生态建设首先要解决的问题。为什么文化生态时代到来后，生态文明却出现了严重的危机，人类进入文化生态时代面对的却是文化生态危机，文化生态危机是全面性的危机，文化生态危机是生存—转换与转换—生存的危机。人与自然、人与历史、人与社会、人与自我每个方面都出现了前所未有的危机，这种危机才是文化生态的危机。在文化生态危机之中怎样建设文化生态，文化生态的建设首先是文化生态智慧的培育，怎样培育文化生态智慧，这是一个历史的过程，也是一个批判的过程。

现代文化是资本主义文化或工业文明，这是我们研究文化生态的大前提。资本主义的文化或工业文明发生危机的原因是多方面的，卢风认为："现代文化……形成了巨大的整体功能和征服力量……发达国家对不发达国家的控制和征服力量，又指对自然的征服力量。"①"经济主义""人类中心主义"科学技术等，"与所有的前现代文化对比，现代文化最突出的特点之一就是最有效率地追求富强"。"追求富强"会不顾一切，所以"现代文化是反自然的，现代工业文明是不可持续的"②。既然工业文明是不可持续的，那就必然会灭亡，资本主义社会是不平衡、不和谐的。现代文明是反文化生态的，这种文明对农业文化生态的冲击是巨大的。中国传统的文化生态智慧是天道与人道内在统一，天、地、人融为一体，而现代文化是反自然的，反自然是从自然中掠夺资源，将资源转换成商品出卖是工业文明的特点。反自然的文明必然给农业文化生态带来危机，农业文化生态不会掠夺资源，掠夺资源是生态危机重要根源，只有探究了危机的根源，才有可能构建出文化生态理念。怎样构建一套文化生态理念，即构建出文化生态建设的哲学基础，就在于探究文化生态问题之根。

文化生态哲学是文化生态学的基本理论，文化生态学不是抽象概念构建的理论体系，而是对人与文化现实关系的研究，是对现实的人与文化问题的解读。在我国，当前主要是社会主义生态文明的建设问题，生态文明的建设需要审视建设的正当性、合理性、可能性等问题。文化生态问题是带有政治性的问题，但不是政治恐怖问题。这里的所谓政治性是指如何为经济基础服务的政治体制的合理性、正当性，政治体制如何适应、推动文化生态的发展。文化生态的政治性不是你死我活的争斗，而是和谐发展，文化生态是和谐之说，文化生态需要和谐。"国内学者在系统评价西方生态马克思主义、生态社会主义和

---

① 卢风. 从现代文明到生态文明［M］. 北京：中央编译出版社，2009：297.
② 卢风. 从现代文明到生态文明［M］. 北京：中央编译出版社，2009：299.

'红绿'政治运动理念方面取得了长足发展，但亟须拓展与深化的是如何在一种新的理论视角下将上述三个方面研究有机地联系起来，而其中的突破口则是将我们对西方生态社会主义理论和运动的研究与建设有中国特色的社会主义生态文明实践相结合。""生态马克思主义""生态社会主义""红绿政治运动"的这些理论可能为文化生态学建设提供思想资源，可能适合我国的生态文明建设，将这些理论融入中国特色社会主义生态文明体系之中，成为文化生态学的理论，具体地说可能成为文化生态哲学的内容。

文化生态是指整个文化构成的生存状态，而不是每一种文化现象的存在，文化生态是人类生存的母胎。文化生态是由伦理道德、法律制度、宗教意识、政治思想、社会组织、文学艺术、文化传统、风俗习惯、经济基础等构成的一个花环，每一种文化现象都是这个花环的一种花朵。人类自己编织了这个花环，花环是一个美丽的图景。从农业文化生态转换为工业文化生态再转换为文化生态，这是一个自生自发与人为设计的过程，而且现代文化生态是全球化的，是世界结构的一部分。我们还没有设想出文化生态时代的文化生态理想图景，我们是否能构建出现在或未来的文化生态理想图景，这不仅是一个理论问题，也是一个历史的实践过程。现代文化生态不是自生自发的，而是由人的理性设计的，是人按自己的价值尺度所构建的，现代文化生态是都市化的、全球化的、信息化的文化生态。文化生态的运行是理性设计的，是制度与法律等维系的，那么这种设计和维系要有正当性、合理性、可能性。但是，中国现阶段文化生态理想图景的建构面临着许多难题。

首先是正当性问题。我们的文化生态基础是农业文化，农业文化的历史已经过去。现在是"全球化""现代化""信息化"，而"全球化""现代化""信息化"似乎是西方的，以西方为主导，我们应当向西方学习，但向西方学习却使我们失去了"正当性"。现代文化生态不是自生自发的构建起来的。都市化文化生态需要都市规划。都市化不是水泥丛林的建设，都市化文化生态不仅包括了"四重"关系的建设，更为重要的是物理世界的改变，时间空间的变化。都市化文化生态理想图景的构建远不止法律或道德这一文化现象那样简单，都市化文化生态中还有大量反文化生态的存在，反文化生态是都市化文化生态存在的特色。文化生态是一种开放系统，在全球化、信息化、现代化过程中，各种文化生态联系在一起。理想图景的构建犹如一幅美丽的画图，但理想图景不是画家的即兴而作，而是一个实践的历史过程。理想图景的构建重在反思，文化生态理想图景需要理性的反思，没有经过理性的反思是不具有正当性的，甚至是偶然的存在，是具有偶然性的。理想图景最重要的是对政治制度、法律制度、道德体系、市场经济体制到资源配置等的反思。谁来反思，当然是公众，而公众则由公共知识分子组成，知识分子是公众的主体，公共理性的代表。"但是值得我们注意的是，这种发展所具有的最重要的特征之一便是社会科学知识为某种社会秩序及其制度类型添赋'正当性'意义之进程的日益加速。"

其次是合理性的问题。现代文化生态建设西方与东方是不同的，西方是在工业文明的基础上建设后现代主义的文化生态，我国则是在农业文明、工业文明并存而且工业文明较弱的基础上建设文化生态。文化生态犹如一座大厦，在建设中需要有一个整体规划图，即理想图景。我国文化生态建设的历史基础不同、现实条件不同，需要有一个什么样的理想图景，怎样构建一个符合现实与发展的图景，这就有一个合理性（合法性）的问题。合理性不仅是理性的品格，更是现实的要求与现实的本质所决定，合理性必须符合现实性。同样，合理性在文化生态建设中也有两大难题。

（1）中国当下的文化生态结构怎样存在着。现在人们都在高呼全球化、都市化、市场化、信息化、网络化等，都在言说着社会文化的转型，都在言说着现代文明是生态文明，都在言说着我们的文明有着自己的特色，都在言说着人类中心主义，都在言说着科学技术的两面性，都在言说着西方生态文明危机的根源；

（2）中国文化生态建设理想图景的描绘问题。人类知道过去和未来，就是不知道现在（现实）的存在，过去已经是历史的记忆，未来反正大家都不知道。一切理想都是现实的"想"，现实的"思"。

最后是可能性的问题。现代文化生态理想图景的建设有没有可能性，这似乎是一个简单的问题，回答也可以是肯定的。但是文化生态的理想图景关系政治策略、社会制度等变革，关系到大部分人的生存方式的转换，这种可能性不是纯哲学理论的可能性。哲学上的可能性是存在的展开，存在方式处于什么样的状态，实际存在构成有哪些可能。存在的可能性在可能性的活动中体现出来。文化生态的可能性是文化生态发展、变化的可能性，是存在于此文化生态理想图景的可能性。这种可能性不是纯哲学的"存在论的可能性"。存在是"缘构"的存在，即由各种因素构成的存在，构成就有可能性。文化生态是地地道道的"缘在""缘构"，是人的生活，是活的"缘在""缘构"，是历时性与共时性的统一。人与自然、人与历史、人与社会、人与自我的关系是"缘在""缘构"，"缘在""缘构"是真正的可能性，"缘在""缘构"本身就具有可能性。这种可能性是生态哲学的可能性，即文化生态建设理想图景的可能性。构建文化生态理想图景的可能性是人的可能性，这种可能性是与正当性、合理性联系在一起的，是人生存的可能性。

现代文化生态的形成与发展是极为复杂的，复杂性范式是一种非线性的方法论。非线性包含了可能性。我们生活的世界是由一个个复杂的系统构成的，一个个复杂系统又绝不是简单的元素堆积的，各个部分之和大于整体部分，这样就有了诸多的可能性。中国现代文化已经不是农业文化，农业文化相对而言是较简单的、固定的。

第六章　生态文明与中国特色生态现代化

生态文明制度是指一切有利于支持、推动和保障生态文明建设的各种引导性、规范性和约束性规定和准则的总和。改革开放以来，我们党带领全国各族人民奋力进行经济建设，将社会财富这块大蛋糕做得越来越大，国家综合实力也跃居世界前列，人民生活水平普遍得到了较大提升。但是，粗放型的经济发展模式已经使得资源、环境难以为继，蓝天白云、青山绿水日益远离我们，生态系统岌岌可危，由环境引发的群体性事件逐年增多。面对发展中出现的诸多问题，生态文明制度建设成为当务之急。

第一节　中国特色社会主义生态文明实践形式

现代社会，科学技术迅猛发展，生产力水平有了很大程度的提高，物质生活资料也十分丰富，但是，与这种物质世界"繁荣昌盛"相比，人们的幸福感、安全感、成就感，人们生命的意义，是不是也如此的"繁荣昌盛"和获得了印证，还是走向了反面？在铺天盖地的沙尘暴、雾霾，日益枯竭的资源，被污染的水源、农作物、鱼类，利用各种添加剂养殖起来的家禽家畜，汽车尾气，噪声污染等的背后，人们的生活质量已经失去了提升的空间，表面"繁荣昌盛"的物质世界背后，是被已经大量异化与恶化的自然和社会。如此严峻的形势，给社会主义生态文明建设提出了更高更严的要求。党的十八大报告明确指出，由于受生态问题的影响，我国经济社会发展的资源环境约束加剧，使得制约科学发展的体制机制障碍变多。而建设好"两型社会"，实现资源的节约与环境的友好，就需要在制度建设上下工夫，使生态文明建设的实践形式具体化，更具有可操作性。

在党的十八大报告中，我们提出了明确的目标，包括单位国内生产总值能源消耗和二氧化碳排放的大幅下降，主要污染物排放总量显著减少。森林覆盖率提高，生态系统稳定性增强，人居环境得到明显改善。加快建立生态文明制度，健全国土空间开发、资源节约、生态环境保护的体制机制，推动形成人与自然和谐发展的现代化建设新格局。坚持节约资源和保护环境的基本国策，坚持节约优先、保护优先、自然恢复为主的方针，着力推进绿色发展、循环发展、低碳发展，形成节约资源和保护环境的空间格局、产业结构、生产方式、生活方式，从源头上扭转生态环境恶化的趋势，为人民创造良好的生产生活环境，为全球生态安全做出贡献。建设生态文明，是关系人民福祉、关乎民族未来的长远大计。面对资源约束趋紧、环境污染严重、生态系统退化的严峻形势，必须树立尊重自然、顺应自然、保护自然的生态文明理念，把生态文明建设放在突出地位，融入经济建设、政治建设、文化建设、社会建设各方面和全过程，努力建设美丽中国，实现中华民族永续发展。[①]

生态文明建设的实践形式主要涉及以下三个方面：

一是解决人口问题带来的不利影响。在新世纪新阶段，我们要实现社会主义现代化建设战略目标，就要跨过资源环境这个"卡夫丁峡谷"，生态保护方面的压力和挑战很多，其中人口压力是最显而易见的。中国是一个拥有13亿人口的发展中大国，如此庞大的人口给我们的资源环境带来的压力可想而知。而要想维持人口红利，以及降低因为人口问题带来的环境压力，就要在人口素质、人口分布、人口政策等方面进行必要调整。人口问题的妥善解决对于我国环境保护和生态建设将是一个巨大推动，我国生态文明建设将对全球环境保护产生极为重要的影响。所以，我们必须积极行动起来，加强生态环境保护，促成人与自然的和谐共处。

二是人们生存方式的改变。物质财富的增加和人们生活质量之间并不一定必然呈现出正相关关系，这种情况的出现往往与生态环境的

---

① 胡锦涛. 坚定不移沿着中国特色社会主义道路前进为全面建成小康社会而奋斗，2012.

恶化，与人们不健康的生活方式密切相关。在人们的温饱问题得到解决之后，生活方式的优化逐渐成为人们普遍关注的问题，建设小康社会就成为我们的奋斗目标。生活方式是生态文明中不可或缺的重要内容，而且生态文明的成果最终也要在人们的生产生活方式中得到落实。生态化的生活方式是在对传统生活方式反思的基础上，对它的超越和发展。

三是人们发展方式的改变。由于传统发展模式的弊端凸显，所以在建设生态文明过程中转变经济增长方式，优化产业结构，就成为转变发展方式的重点内容。在转变发展方式过程中，要特别关注绿色发展、循环发展、低碳发展，大力发展生态经济。

一、解决人口问题，推动生态文明建设

进入新世纪，人口问题依然是中国的重大问题之一，庞大的人口数量已经严重制约了中国经济社会的可持续发展。正确认识人口、资源、环境、经济之间的辩证关系，抓住人口这个重要因素，根据实际情况来适当控制人口的数量和规模，大力发展教育，提高人口素质，确保可持续发展战略目标的实现。在可持续发展涉及的五大系统中，人口是资源、环境、社会、经济之间的连接点，其他几个方面的建设都围绕着人这一特定对象展开，如果抛开了这一对象，其他方面也就失去了建设的价值和意义。而这几方面又构成了一个循环系统，为了维持人类的可持续发展，就要限制人们对资源环境的消费，适当控制经济社会发展的规模。而这种限制将会影响到人们进一步发展的状况和速度，受到影响的人们为了获得更好的发展就要突破这种限制，而突破的最明显、最浅显的表现就是对资源环境的消费和破坏。人口问题视野中的环境问题是一种相对而言的东西。如果不控制人口规模，保护生态环境，可持续发展就将成为空中楼阁，所以包括中国在内的各个国家都非常重视人口和环境的保护问题。控制人口和保护环境问题不仅仅是人口和环境本身的问题，还要把二者摆在未来发展图景的大框架内，去探讨人口优化与环境保护的关系，使人口与环境在各自正常运行的基本规律基础上相适应，进而走上良性循环的发展道路。

（一）缓解人口与资源环境的矛盾，合理发展人口数量

现在世界人口大约 70 多亿，维持如此庞大的人口，对地球而言已经是一个不小的负担，每天都要消耗大量的资源能源，也同时会产生无法计量的污染和垃圾，人口问题是影响资源环境问题的重要因素，马克思曾经设想用消灭资本主义私有制的方式来解决人口过剩问题，发展中国家则直接受到传统人口价值观念的影响，那么应该如何根据实际情况来寻找解决问题之道，也就是如何寻找到生态文明时代人口发展的总体思路和基本原则就显得特别重要。

1. 消灭私有制是解决资本主义人口过剩的最好方法

马克思、恩格斯批判了马尔萨斯的人口论，指出人类发展的决定性因素不在于人口的增长，而在于社会的生产方式，即生产物质资料和人类自身的生产方式决定着人类社会的发展。其中，生产物质资料是为了满足人类认识与改造自然、创造物质财富的需要；生产人类自身是为了满足人类肉体生存和延续种族的需要。无论是物质的生产，还是人自身的生产最终都会受制于社会生产方式和社会发展。物质生产作用于并决定着人的生产，而人的生产则反作用于物质生产，两种生产都在自然界承受限度之内活动。马克思认为，人口过剩的直接原因在于资本主义私有制下的不正当竞争。恩格斯在《政治经济学批判大纲》中，揭示了人口过剩和资本过剩同时存在的微观机制，指出"一部分土地进行精耕细作，而另一部分土地——大不列颠和爱尔兰的 3000 万英亩好地——却荒芜着。一部分资本以难以置信的速度周转，而另一部分资本却闲置在钱柜里。一部分工人每天工作 14 个或 16 个小时，而另一部分工人却无所事事，无活可干，活活饿死"[①]。所以，消灭资本主义私有制是解决人口过剩的最好方法。"只要目前对立的利益能够融合，一方面的人口过剩和另一方面的财富过剩之间的

---

① 中共中央编译局. 马克思恩格斯文集（第 1 卷）［M］. 北京：人民出版社，2009：77.

对立就会消失"①，"由于他的理论，总的来说由于经济学，才注意到土地和人类的生产力，而且我们在战胜了这种经济学上的绝望以后，就保证永远不惧怕人口过剩。我们从马尔萨斯的理论中为社会变革汲取到最有力的经济论据，因为即使马尔萨斯完全正确，也必须立刻进行这种变革，原因是只有这种变革，只有通过这种变革来教育群众，才能够从道德上限制繁殖本能，而马尔萨斯本人也认为这种限制是对付人口过剩的最有效和最简易的办法。我们由于这个理论才开始明白人类的极端堕落，才了解这种堕落依存于竞争关系；这种理论向我们指出，私有制如何最终使人变成了商品，使人的生产和消灭也仅仅依存于需求；它由此也指出竞争制度如何屠杀了并且每日还在屠杀着千百万人；这一切我们都看到了，这一切都促使我们要用消灭私有制、消灭竞争和利益对立的办法来消灭这种人类堕落"②。恩格斯还在《论住宅问题中》指出，农村人口大量涌入城市的直接表现就是加剧了工人居住条件的恶化，新涌入的人口大军也往往成为城市工人的主要来源，这种情况在持续中变坏，而改变的途径只有用铲除产生这一切的那个资本主义制度和建立无产阶级专政的办法才能解决。马克思、恩格斯关于人口、自然、社会发展关系的理论，为广大的发展中国家寻找解决生态问题之道提供了一条新思路，也是走出马尔萨斯人口理论困境的一把钥匙。

2. 人与自然和谐发展，全面落实科学发展

根据我国人口政策的要求和人口现状来看，我国人口发展的速度和规模应该体现生态文明建设的基本要求，以中国特色社会主义理论体系作为根本指导思想，全面落实科学发展观，遵循和谐社会建设以及人与自然和谐发展的目标要求，以人为本，推进人口方面的相关制度与管理机制的创新。稳定低生育水平，提高人口素质，改善人口结构，引导人口合理分布，保障人口安全；实现人口大国向人力资本强

---

① 中共中央编译局. 马克思恩格斯全集（第3卷）［M］. 北京：人民出版社，2002：467.

② 中共中央编译局. 马克思恩格斯文集（第1卷）［M］. 北京：人民出版社，2009：81.

国的转变，实现人口与经济社会资源环境的协调和可持续发展。①

（1）可持续发展要求人口、资源、环境之间协调统一。

生态危机对人类的生存发展产生了越来越大的威胁，人们开始反思传统工业发展模式及其发展理念。世界自然保护联盟在 1980 年提出了"可持续发展的生命资源保护"思想。美国学者莱斯特·布朗在《建设一个持续发展的社会》（1981 年）中系统地阐述了可持续发展的思想，指出：人类目前面临着荒漠化、资源枯竭、粮食减少等问题，而要解决这些问题，维持社会的持续发展，只能够走控制人口数量、保护生态资源环境之路。联合国环境与发展委员会在《我们共同的未来》（1987 年）中，把"可持续发展"定义为"既满足当代人需要，又不对后代满足需要的能力构成危害的发展"。从此，可持续发展的理念就为越来越多的国家所接受。1992 年世界环发大会明确要求各国制定并实施可持续发展战略、计划和政策，以应对生态危机。可持续发展思想把人置于经济社会发展的中心，提倡生态、经济、社会相协调，人口、资源、环境相统一，当代人、后代人利益相承继的发展；是以人为本、生产发展、生活富裕、生态良好状态的体现。与传统的社会发展思想和发展战略相比，可持续发展更具有革命性和创新性，其革命性表现在它的综合性发展战略上：它是人口发展战略、经济发展战略、资源开发利用战略、生态环境保护战略的综合体；其创新性表现在可持续发展对人口、资源、环境、经济四者的合理布局上：既使人口、资源、环境、经济等方面实现质的提高，又体现它们时空无限延伸的特点，是前进的、上升的、连续的发展过程。这一战略以依靠科技进步、提高人口素质、开发人力资源、提高资源利用效率、促进环境友好，把人口、资源、环境和经济发展作为统一整体为特点。可持续发展观的提出，有效地整合了原来独立、分散的人口经济学、资源经济学和环境经济学，促成了一门新兴学科——人口、资源与环境经济学首先诞生在世界人口最多的国家。②

---

① 张维庆. 统筹解决中国人口问题的思考［J］. 学习时报，2006（4）.

② 李通屏. 经济学帝国主义与人口资源环境经济学学科发展［J］. 中国人口·资源与环境，2007（5）.

（2）人口发展政策与自然承载能力相适应，提高群众的计划生育意识。

作为人口最多的发展中国家，中国人均资源能源的占有量远低于世界平均水平，人口对资源能源、生态环境的压力巨大。中国人口政策既要着眼于解决当前人口基数过大带来的一系列生态资源环境、经济社会、生产生活等问题，又要考虑这个基数继续增大或突然急剧减少带来的一系列问题，要尽可能使人口数量维持在可持续发展的有利限度之内，又能够保持人口红利对中国经济社会发展的重要作用。在这种情况下，一是要做到统筹全局，二是要根据各地的具体情况，适当加强部分农村、城乡接合部、城市人口的生育管理，坚决制止超出政策允许范围的偷生、超生现象。同时，要努力转变一些地区的传统人口思想观念的影响，提高他们的科学人口思想素质，使庞大的人力资源转化为巨大的人力资本，变人口大国为人才大国，变人口劣势为经济发展优势。在这一方面，中国还需要加大教育投资力度，提升教育效益。根据中国国情和经济发展状况，我国在加大对教育的投入力度，提高群众的身体素质、科学文化素质和思想道德素质方面需要继续努力。特别是要把提升群众的生态环境意识作为人口、资源、环境协调发展的重点，把人口教育、生态教育与国民教育融合在一起，增强群众的危机感和责任感，深刻认识加强环境保护的重大意义。

3. 加强科学文化教育，提高公民的生态文明素质

马克思指出：一个人"要多方面享受，他就必须有享受的能力，因此他必须是具有高度文明的人"[①]。随着生产力水平的提高及物质产品的丰富，人们的生活逐渐从生存向发展转变，建设社会主义生态文明的目的是使人能够在发展中获得生态方面的高层次享受，但是这种高层次享受与具有"享受的能力"是相适应的，为此，我们必须从根本上提升公民素质，在此特指公民的生态素质，使其成为具有高度文明的人。一些国家已经把生态教育纳入了国家教育体系之中，成为各级学校教育教学的内容之一。当前我国生态教育的重点主要在两个方

---

① 中共中央编译局. 马克思恩格斯文集（第8卷）［M］. 北京：人民出版社，2009：90.

面，一是通过国民教育体系，在各级各类校园中实施环境教育，普及环保知识；二是要加强农民生态环境基础知识教育。由于农民文化素质相对较低，对环保知识了解偏少，所以要特别重视农民的环保教育。除去上面涉及的两个方面外，全社会的生态环境知识教育也必不可少，无论是城市还是农村，都可开展生态文明方面的讲座及展览，用正反两方面的例子来警示世人，提高教育教学的效果。鉴于生态环境建设的长期性、艰巨性，我们必须做好打持久战、打硬仗的准备。生态素质教育具有全民参与、综合性、实践性特征：全民参与是指生态素质教育需要教育部门、公众、社会各行业的齐心协力才能长期坚持并取得进步；综合性是指生态素质教育融合了众多自然科学和人文社会科学知识，不能够相互分离，各自为政，必须相互协调，互相补益；实践性是指通过生态素质教育让人们学会从理论走向实践，把所学知识理论都应用于个人的生产生活中。可以预计，随着生态教育的不断推进，全民生态素质的提高，我国生态文明建设将取得长足进展，人民也会享受到更多的生态文明成果。

（1）深化生态意识教育，提高公民的生态文化素质。

第一，通过生态意识教育，提高公民在生态文明建设中的权利意识。现代社会是公民权利至上的社会。近年来，受改革开放和社会发展的影响，在我国，公民权利、公民精神逐渐走到了历史发展的前台，这些都为生态文明建设提供了有利条件。但由于传统观念和生活习惯的根深蒂固，反映到社会主义生态文明建设中就表现为：公民的参与意识虽然觉醒但依旧薄弱，或者即便是参与社会治理和环境建设，也很难拥有实际权利。生态文明建设离不开人民群众的广泛参与，也离不开人民群众思想认识和行为方式的根本转变。这些都需要通过推进生态意识教育，鼓励公民积极参与其中，让主人翁意识在参与生态文明建设的公权力中觉醒。为此，我们需要利用丰富多彩的教育形式开展生态教育，使广大人民充分认识到生态危机带给个人和社会的危害；要加强环境科学与相关的法律知识教育，营造保护环境人人有责的社会氛围；要在国民教育序列中加大生态教育力度，帮助公民特别是未来一代树立起正确的生态价值观，通过生态文明建设实践实现自身权利和义务的统一，形成理性的权利意识。

第二，通过生态意识教育，提高公民在生态文明建设中的监督意识。民主监督是我国社会主义政治制度的重要内容之一，也是体现政治文明与否的标准。公民的监督意识是权利制约权力机制的思想保障，国家权力受到人民的监督是人民主权原则的核心所在。[①] 改革开放以来，虽然中国经济增长势头迅猛，但同时生态问题也日趋严重，无论是工业还是农业，无论是东部还是西部，也无论是城市还是乡村，都难以逃脱生态危机的困扰和威胁。从产业结构来看，不仅工业生产产生了大量的"三废"污染，农业生产也面临着化工产品、农药残留、生活垃圾的污染；从区域划分来看，不仅东部发达地区在发展经济时带来了大量生态问题，随着西部地区大开发进程的加快与大量夕阳产业的转移，西部地区的生态、资源、环境之间，经济、社会、人口之间的矛盾也在不断加剧，生态环境恶化的速度惊人。因此，必须对生态污染和环境治理进行有效监督，树立污染环境就是破坏生产力，保护环境就是保护生产力的意识，通过节能减排来促进社会主义生态文明建设。我们要通过生态教育，以培养和提高公众的生态法律意识为切入点，强化他们的监督意识，教育他们学会用法律武器来维护自身的环境正义，使他们承担起社会主义生态文明建设者和监督者的双重责任。

第三，通过生态意识教育，提高公民在生态文明建设中的责任意识。权利与义务是相互联系、不可分割的整体，权利与义务的有机结合是公民社会发展的必然要求。公民在享受自身的权利时也要对社会尽相应的义务，这是公民一词本身的应有之义。公民有权利从自然界中获得维持生存发展的物质产品和精神产品，也应该担负起保护生态环境的社会责任。社会主义生态文明一方面体现了自然界对每位公民的权利、需求、价值的尊重和满足，另一方面也给每个公民提出了相应的要求，即生态文明建设既体现着公民的价值与权利，又明确了公民的生态责任。由于受消费主义和"人类中心主义"的影响，大量生

---

① 杨健燕. 论公民意识教育和生态文明建设 ［J］. 中州学刊, 2009 （4）.

产、大量消费、大量废弃的现象成为常态，以至于为了满足消费涸泽而渔、焚林而猎、毁灭物种种群、无节制地发展各种交通工具等，严重破坏了自然界的生态平衡。培养和造就有素质、有能力、有德行的公民成为以人为本建设的目标之一。公民个人要逐步去除传统思想文化的影响，牢固树立保护生态环境的坚定信念和使命感，强化公民在生态文明建设中的责任意识，找准发展生态文明的正确途径，在生产生活实践中建设真正的生态文明。

（2）深化生态意识教育，提高公民的生态道德素质。

第一，关于生态道德的教养问题。

公民生态道德素质的形成离不开生态道德教养的实施，我们应该在全社会大力宣传生态文明相关意识，尊重、热爱并善待自然，追求人与自然之间的和谐相处，使社会道德准则和行为规范体系更能体现出"天人合一"的生态道德特色。在生产生活中，我们要继续倡导节约光荣的优良传统，努力构建资源节约型、环境友好型社会；要加强生态道德教育，把生态教育融入全民教育、全程教育、终身教育的过程之中，并上升到提高全民素质的战略高度上来。1992 年，美国学者大卫·奥尔提出了"生态教养"（ecological literacy）一词，奥尔指出当今时代人类面临的严重的生态危机与人类对待自然的行为是直接相关的，由于缺乏对人与自然关系的整体性认识，包括自然与人文方面的知识，所以，奥尔认为我们有必要重新进行生态知识和理念教育，培养公民的基本生态教养，以便引导人类顺利过渡到人与自然和谐共存的后现代社会。[①] 美国著名学者卡普拉在《生命之网》中重申了奥尔"生态教养"这一概念，强调了公民具有基本生态教养对于重建人与自然关系生命之网的重要价值和现实意义。卡普拉认为，地球上的所有生命形式，无论是动物、植物、微生物之间，还是个体、物种、群落之间，其生命都存在于错综复杂的关系网所构成的生态系统之中，地球上的各种生命都是这种关系网所构成的生态系统长期发展进化的结果。人类作为自然界进化发展的一部分，也必然依赖于这个庞大生

---

① David Worr, Ecological Literacy: Education and Thetransition to a Postmodern World, Albany: State University of New York Press, 1992: 85 – 96.

命网络的支撑。但是，由于人类的社会性特征的无限膨胀，在发展经济与保护环境之间往往选择前者，漠视非人类生命生存的价值和利益，为了满足个人或小集团的利益而掠夺自然资源，破坏生态环境，致使全球生态系统网络严重破损，甚至走向瓦解，人类后代的生存机会也日益减少。[①] 因此，深化生态教育，加强生态知识教养，对于确立人与自然相互依存的有机整体的生态世界观，对于人与自然关系的和谐，对于人类社会的可持续发展都具有重大意义。

第二，深化生态意识教育，提高公民的生态伦理教养。

随着西方工业文明的发展，人与自然之间出现了严重的异化现象，人类社会与自然环境之间的分离和对抗不断加深，特别是受人类中心主义的影响，人类只承认自身的内在价值，只把人纳入伦理关怀的对象之中，而人之外的万事万物则在伦理关怀的范围之外，是从属于和服务于人类、可以随意征服和支配的客体。与此相反，生态文明理论认为，无论是作为主体而存在的人，还是作为客体而存在的人之外的世界，它们都具有各自的内在价值和存在权利，是相对于对方而言的主体的生命存在形式。在自然界整体系统中，环境对人类的生存和发展起着决定性的作用，而且不仅仅是人类需要这种必须要依赖的生态环境，同时也是地球上所有生物体所必须要赖以生存的。健康、有序、安全的生态环境不仅能促进人类的健康文明建设，同时还有利于全球生态圈的优化和升级。但是，对生态环境的有效运行起着决定性作用的是人类的社会活动及发展，从众多的实际报道中我们得知，大多数生态环境遭到破坏的根本原因是人类贪婪的过度开发和开采，由于人类的这种主观性的巨大错误，使得我们的环境现状面临破坏的局面，所以只有改变人类的生态价值观，从实际行动上改正之前的错误才能从根本上完善和改变当前生态环境的现状。这种生态文明价值观的养成需要人类每一个个体去共同努力，为了我们的生态家园贡献自己的力量。

（3）深化生态意识教育，提高公民的生态审美教养。

---

① Fritiof eapra，The Web of Life，Ⅱ New Scientbrw Understanding of Living systems，New York：Anchor Books Doubleday，1996：297 – 304.

自然界本身是无所谓善恶美丑的，人们之所以会对某些风景秀丽、气候宜人的地方赋予高度的评价，是因为这些地方对于人类的积极价值。欣赏和维护自然界本身的原始状态美是当代人特别需要培养的审美素质，这是一种可以让我们远离金钱和污染，诗意地栖居于大地上的高层次的人生追求。积极美学认为，在它是自然的意义上（也就是未受人类的影响），自然是美的，它没有消极的审美特质。约翰·康斯特布尔曾经在 19 世纪就多次阐明自己的观点，认为人的生命中是没有丑的事物的。根据这一观点，那些在自然中发现了丑的人只是因为没有能够恰当地感知自然，或者没有找到从美学意义上评价、欣赏自然的恰当标准。① 工业文明带来了富足的物质生活，但是它对每一条江河、每一寸土壤、每一种生物的破坏作用是显而易见的，这与现代人为了追求短期而浅薄的物质生活、牺牲久远而高尚的环境生活有关，这种价值追求也导致后代人极度缺乏生态审美和欣赏能力。正如帕斯摩尔讲的，对自然美的欣赏只能是无法区分的快乐。自然美不是艺术创造的产物，除了我们当时的偏好，不存在对自然美的其他的审美标准。由于人们在物欲横流的世界中逐渐迷失着自身，除了金钱和物欲，已经失去了关爱自然界的生态良心。如果人们能够重新找回感受生态美的固有能力，充分发挥生态美感体验的神经机能，就会在郊游时沉醉于百草鲜花的四季芬芳，在进入荒野时流连湖光山色的壮美俊秀，就懂得观赏羚羊麋鹿的戏耍游玩、竞走赛跑，谛听无数鸣禽在丛林天堂里的即兴吟诗、纵情欢唱，也会倾慕羽毛如雪的天鹅长颈相交、两心相许的终身守候。② 一个具有了高度生态审美教养的社会在经济指标和生态保护的斗争中会选择后者，它不会为了满足体肤之暖、口舌之欲而屠杀珍禽异兽，也不会为了一时的利益需求而毁灭掉长久美好、自然脱俗的生存享受。生态审美不仅是人们美好生活所必需的文化素养，也是衡量人们生活健康与否的重要尺度。

---

① ［美］尤金·哈格罗夫. 环境伦理学基础 ［M］. 重庆：重庆出版社，2007：218.

② 佘正荣. 生态文化教养：创建生态文明所必需的国民素质 ［J］. 南京林业大学学报，2008（3）.

（二）坚决杜绝生态殖民，防止贫困与环境之间恶性循环

面对日趋严峻的生态危机，各个国家都在努力寻求解决问题之道，并采取了各种各样的政策和措施，一些国家和地区的生态环境不同程度地得到改善。但是，这些地方生态环境的优化往往是与其他地方环境的恶化伴随而来，之所以出现这种情况，是因为这些国家，特别是发达国家转移污染和生态殖民所导致的。在经济全球化背景下，转移污染和生态殖民的现象不但没有减少，反而在不断增加，因为伴随着巨额经济效益而来，所以它并未引起人们的足够重视。自从人类社会产生以后，人们对环境资源的占有与争夺就没有停止过。第二次世界大战以前（包括"二战"在内），西方国家主要通过军事手段，推行殖民主义政策，即用武力扩张的方式对殖民地国家的资源进行掠夺和占有。"二战"之后，各殖民地国家的反殖民主义运动不断取得胜利，时至今日，纯粹的殖民地已经很少。但是，一些西方国家从未停止过掠夺他国资源的脚步，只是掠夺资源的方式发生了改变，由原来主要依靠军事占领，转变为主要依靠先进科学技术和经济实力，以军事实力为辅的方式，其具体表现形式就是生态殖民主义。传统殖民主义往往与反殖民主义联系在一起，而生态殖民主义由于其良好的隐蔽性、欺骗性，不易被人们察觉，许多被生态殖民的地区不但不反对，反而还积极配合，所以，从本质上看，在对自然资源的掠夺上，生态殖民主义与传统殖民主义相比是有过之而无不及的。

1. 生态殖民主义的理论解析

（1）生态殖民主义是发达国家降低生产成本，获取超额利润的手段。

生态社会主义认为，发达国家虽然在经济实力和科技实力上占据优势，但是它们却难以在本国范围内实现自然、经济、社会的协调与可持续发展，因为这些发达国家的正常运转需要大量的资源环境作为支撑，特别是在维持现有的经济规模与生活水平方面。于是，借助于资本全球化对他国资源进行殖民主义掠夺，让落后国家和地区为他们的生态资源消费埋单就成为发达国家的必然选择。资本的首要目的就

是追求利润的增长，为了实现这一目的它可以不择手段，包括破坏或牺牲世界上大多数人的正当利益，而这种对利润的疯狂追求通常意味着对资源能源的大量消费，废弃物的大量产生和生态环境的大规模破坏。福斯特认为资本主义的出现，导致了环境的进一步恶化，因为其资本积累的本质是建立在对环境无限索取的基础上的。而且这种资本的野蛮生长以及殖民主义的泛滥直接导致了全球生态危机的形成。进入到 21 世纪，随着人们生态意识和文化水平的提高，人们越来越意识到资本主义野蛮扩张给生态环境带来的恶果，资本主义本质上要求的发展积累是建立在对环境肆意破坏以及资源的过度开采上的，这种没有人道的发展积累给人类生态环境带来了不可弥补的创伤，同时资本主义的高速发展活跃了经济、刺激了消费，随着这种消费水平的提升，将会更加刺激对资源的掠夺和环境的破坏，这是一种破坏生态环境的恶性循环。资本主义的高速发展势必会带来过剩的产能，盲目的开发和扩张以至于生产出超过供需的产品，那么为了保证他们的利益只有不断地进行领土和区域的扩张，才能将过剩的产能传播得更远，才能更加有利于资本的积累。随着资本主义资本扩张的高速发展，其本国的资源与劳动力已经远远不足以支撑起如此庞大的经济体以及经济风险，只有通过对殖民国家或者发展中国家进行资源掠夺或者劳动力掠夺才能转嫁风险，同时在转嫁过程中获利。

（2）生态殖民主义是造成不发达国家和地区生态环境恶化的根源。

生态殖民主义对发展中国家生态资源的掠夺大致有两种：即直接掠夺和间接掠夺。直接掠夺主要是指发达国家向发展中国家大量转移夕阳产业，使产品的生产环节主要在这些落后国家和地区完成，这种方式对土地、劳动力、自然资源和空气、水源都是最直接的掠夺。夕阳产业在带来经济效益的同时，也带来了高消耗、高污染。生态社会主义认为，许多西方国家的"发达"是建立在发展中国家的"不发达"的基础上的，以发展中国家的资源环境为代价的。佩珀指出："既然环境质量和物质贫困或富裕相关，西方资本主义就逐渐地通过掠夺第三世界的财富而维持和'改善了'它自身并成为世界的羡慕目标。"① 而间接掠夺则是指通过"结构性暴力"②（通过特定政治、经济或社会政策或制度间接产生的暴力）来实现对发展中国家生态资源的掠夺，主要表现为垄断资本与发展中国家的资产阶级上层相结合，通过他们控制的相关机构制定各种政策，迫使农村土地私有化并进入世界资本市场。失地农民或被迫走向城市，或在所剩无几的土地上求生存，过度耕作吸干了土地肥力，甚至出现了荒漠化。佩珀认为，发达国家推行生态殖民主义使全球自然资源遭受了掠夺性开采。"资本主义制度内在地倾向于破坏和贬低物质环境所提供的资源与服务，而这种环境也是它最终所依赖的。从全球的角度说，自由放任的资本主义正在产生诸如全球变暖、生物多样性减少、水资源短缺和造成严重污染的大量废弃物等不利后果。"③ 发达国家利用垄断资本的国际化特点把国内的基本矛盾部分地转嫁到了其他国家或地区，也把资源消耗、环境污染、生物多样性减少等问题扩展到全球。尽管国际社会为了遏制这种现象的大量发生颁布了一系列公约如《巴塞尔公约》（1989年）、《里约宣言》（1992年）等，但资本追求利润的脚步不会因为生态危机问题而停止，环境成本和生态保护在这里屈居其次。发达资本主义国家对发展中国家实施的生态殖民主义策略是造成世界性生态危机的深层次根源。

（3）生态殖民主义是殖民主义在资源环境问题上的集中体现。

生态殖民主义是资本全球扩张的产物。在"二战"之前，西方国家受资本无限扩张本性的驱动，不惜发动侵略战争，甚至是世界大战来扩展其殖民地。大量发展中国家沦为殖民地或半殖民地，为资本的全球经济链条输送着大量的原料、能源并倾销其产品。在"二战"之后，许多殖民地、半殖民地国家都脱离了西方列强的束缚，建立起主

---

① ［英］戴维·佩珀．生态社会主义：从深生态学到社会正义［M］．济南：山东大学出版社，2005：140.

② 同上书，第149页.

③ ［英］戴维·佩珀．生态社会主义：从深生态学到社会正义［M］．济南：山东大学出版社，2005：2.

权国家。在这种情况下，西方国家从直接的军事占领转向通过代理人间接操纵的方式进行，其中以经贸关系为主。这是一种在平等表象下的不平等的贸易关系。发展到今天，殖民主义的表现形式又加入了新的内容，那就是打着自由、民主、人权的旗号，把资本主义国家的价值观普遍化，特别是针对发展中国家，妄图用"西化"的价值观来为其经济扩张开道。资本全球扩张的本性决定了它必然建立和维持一个资本主义性质的世界统治体系，这个世界体系既是资本扩张的结果，也是资本实现不断向更广的领域、更深的程度扩张的工具。西方发达国家处于这个体系的中心，并掌控着这个体系，其他国家依次处于体系的外围及边缘，要向中心持续以能源、资源、原材料和廉价的劳动力等形式提供养分，同时又要不断地吸纳"中心"以及由"中心"支配自身所产生的大量有毒有害废弃物。① 由于生态殖民主义带有很强的隐蔽性和破坏性，所以它造成的后果比旧殖民时代武力扩张的后果有过之而无不及。众所周知，美国石油储量丰富但禁止开采，而是源源不断地从波斯湾等地进口，一边是肆意消耗，一边是大规模囤积。但是，资本的控制是一把"双刃剑"，它在为自己谋得足够利润的同时，也为人类埋葬资本主义创造了物质前提。如果全球气候持续升温、冰川加速融化、南极臭氧层空洞不断扩大的话，地球上没有哪一个国家可以幸免于难，就像被污染的空气可以随着气流到处传播一样，当我们这个蓝色星球失去光泽，世界上每个国家也都将失去光彩。

2. 生态殖民主义的四个表现

（1）向落后国家和地区转移污染产业。

向落后国家和地区转移污染产业是当今生态殖民主义的表现之一。发达国家之所以能够成功地转移污染产业，主要是因为被生态殖民的国家和地区在环境管理上较为宽松，相关环境标准欠缺造成的，这样一来，发达国家就可以用牺牲发展中国家生态资源环境的办法，来谋求自身利益的最大化。通过对日本 1993 年在国外建厂企业的调查表明，大约只有 15% 的工厂执行日本环境标准，其余全部执行当地标

---

① 张剑. 生态殖民主义批判［J］. 马克思主义研究，2009（3）.

准。[①] 1975 年，日本千叶市川崎炼铁厂将严重污染的铁矿石烧结厂转至菲律宾。对此，川崎炼铁厂美其名曰：这是为发展中国家提供赚取外汇和增加工人就业的机会。随着改革开放的深入发展，越来越多的外资企业来华投资。而相关资料表明，这些投资的外企中污染密集企业约占总数的 29%，约占总投资额的 36%。这种情况同样发生在发达地区和落后地区、城市与农村之间。[②] 据 1995 年第三次工业普查资料显示，在全部三资企业中，外商投资于污染密集产业的企业有 16998 家，工业总产值 4153 亿元，从业人数 295.5 万人，分别占全国工业企业相应指标的 0.23%、5.05% 和 2.01%，占三资企业相应指标的 30% 左右。投资者主要来自于新加坡、韩国、美国、日本和欧洲的一些发达国家和我国港澳台地区，且以中小型企业为主。从投资地区分布来看，主要集中在东南沿海地区。[③] 发达国家把污染企业大量转移到落后国家，虽然使本国的生态环境普遍好转，但同时给接受国带来了生态灾难。

（2）向工业不发达国家和地区转移污染物。

随着经济发展速度的不断加快，工业生产过程中产生的污染物也越来越多，特别是危险废弃物，大概每年在 3.3 亿 t 左右。由于危险废弃物的污染严重，处置费用高昂以及潜在的严重影响，一些公司试图向工业不发达国家和地区转移危险废弃物。据绿色和平组织调查报告显示，发达国家正在以每年 5000 万吨的规模向发展中国家转运危险废弃物，从 1986 年到 1992 年，发达国家已向发展中国家和东欧国家转移总量为 1.63 亿 t 的危险废弃物。发达国家向发展中国家转移污染物的行为实质是将这些国家变成他们自己的垃圾处理场，这是对发展中国家生态环境的掠夺，是生态殖民主义。当然，中国也曾经干过不少进口垃圾的傻事，而且现在仍然在一些地方进行着，如工业垃圾、电子垃圾、生活垃圾、废旧衣服等。这些污染物的转移一是污染了接受国的环境，损害了接受国国家和人民的利益，发展中国家是直接受

① 李克国．环境殖民主义应引起重视［J］．生态经济，1999（6）．
② 赖余贵．污染转移与生态殖民［J］．环境教育，2004（9）．
③ 李晓明．我国建立"绿色壁垒"的必要性研究［J］．软科学，2002（6）．

害者；二是由于环境污染的公共性特征，随着这类污染的加剧，它也会严重威胁到世界环境乃至全人类的安全。

（3）掠夺发展主义国家的自然资源。

生态殖民主义对发展中国家自然资源的掠夺并不是通过殖民地统治的方式进行的，而是通过不公平的国际政治经济旧秩序的方式进行的，即通过不平等贸易来掠夺自然资源。发达国家凭借其远远优越于发展中国家的经济实力和科技实力，通过大量出售高附加值商品的办法，在国际贸易中占据绝对优势，而发展中国家只能靠出口资源产品或初级产品的办法获得自己的外汇储备。在国际政治经济旧秩序中，落后国家和地区所能提供给世界市场的有价值的东西主要是自然资源。在现存的工业技术条件中，更多地使用、占有地球的自然资源仍然是不可替代的条件。在不公正的国际贸易中，通过没有硝烟的战争，发达国家更好更快地掠夺着发展中国家的自然资源。而世界贸易市场的多变及价格的不稳定使得发展中国家的处境颇为尴尬：一方面在世界经济日益一体化的今天，发展中国家需要靠出口自然资源或初级产品来换取经济发展中急需的外汇；另一方面又不得不考虑自身脆弱的生态环境承受力。但是，国际贸易市场中一系列政策措施已经牢牢地把不发达国家限定在了原料出口国的位置上，要突破这种限制，实现与发达国家平等对话的条件和机会较少。虽然经济全球化时代已经到来，但是人类仍然处在"掠夺优先"的资源经济体制中。发达国家绝不会因为生态危机的逼近而放弃对世界范围资源的掠夺，因为放弃对资源的掠夺就意味着放弃了在国际政治经济对话中的主动权；而发展中国家也不想靠耗尽资源的办法来获得相对安稳的发展状态，因为这种办法是不可持续的。无论是发达国家还是发展中国家，要想提高本国人民的生活水平，就必然要在争夺自然资源的斗争中占据一席之地。

（4）设置绿色壁垒，制裁或打击产品交易国。

随着经济全球化的出现，全球性生态问题随之到来。由于受世界贸易组织规则的制约，利用关税手段进行贸易保护的办法越来越行不通。于是，一些国家开始寻求关税之外的手段，通过设置非关税的贸易壁垒来维护自身利益。于是，具有生态殖民主义色彩的"绿色壁垒"开始登上历史舞台。绿色壁垒是绿色贸易壁垒（Green Trade Bar-riers, GTB）的简称，它是借保护生态环境的幌子，通过制定有利于自己的严格的环境标准，来制裁或打击产品交易国的行为。实质上，绿色壁垒是发达国家和发展中国家政治冲突的经济表现形式。绿色壁垒在发达国家之间基本上不存在，因为他们的经济、科技实力相当，其环保要求、环境标准、环境标志、检验方法差别不大。但在发达国家和发展中国家之间则大相径庭，因为两者无论是在科学技术、经济实力上，还是在立法要求、环境标准上处于制高点的都是发达国家。在国际市场中，发达国家总是想用近乎苛刻的国际标准来为环保产品划定统一的达标线，实行"一刀切"。数据表明，发展中国家农业经济方面，由于技术缺陷以及在世界范围内的经济地位，导致本国农业商品在出口商面临很大的问题，一些欧洲国家对发展中国家推行的所谓绿色壁垒实际上是一种虚伪的非正当交易。这是不公正的国际政治经济旧秩序的明显体现，因为各个国家无论是在自然地理环境还是在人文历史传统，无论是技术发展水平还是物质产品的生产，无论是风俗文化传统还是在法律法规建设，都是各具特色、各不相同的，与生态环境相关的法规政策也是因国而异的，承认差异性是公正地解决生态问题的前提条件。如果不能消除对发展中国家的压榨和盘剥，消除因为绿色壁垒带来的欺压行为，那么在未来的经济全球化过程中，发达国家会占据更有利地位，而对于处于贫困以及人口困境中的发展中国家来说，则会更加被动和困难。

3. 反对生态殖民主义的措施

（1）完善环境法律法规政策体系。

在政策上，我们应积极完善保护生态资源环境的法律政策体系，加强环保执法力度，并做到有效监督，尽可能避免西方国家掠夺我们的资源、转嫁环境危机行为的发生。在反对生态殖民主义的过程中我们要做到有理、有利、有节。因为生态问题具有全球性、系统性、复杂性等特征，所以在环境领域我们与西方世界有着许多共同利益，相对于政治、经济领域而言，环境领域合作的条件更充分。有理是指西方发达国家必须承认其生产方式给世界生态环境带来的不利影响，应负主要责任；而中国作为最大的发展中国家越来越影响着世界的发展。有利是指我国经过三十多年的发展，不但有了较好的发展环境，也产生了新的发展理念，并用新的发展理念指导我国的经济发展实践。有节是指做事情要立足于中国的基本国情，根据实际情况，实事求是地搞好环境外交，坚决杜绝借环境外交损害生态行为的发生。在生态环境保护问题上，我们一定要做到严于律己，尽量避免破坏生态环境现象的出现，不能给别人落下口实。在策略上，要注意与资本主义国家既联合又斗争的方法。因为世界经济一体化趋势使得我们不可能关起门来搞建设，必然与西方国家产生千丝万缕的联系。但是要从我国实际出发，从我国历史发展、政治特点、经济状况、文化宗教传统出发，创造性地运用好环境外交这个武器。在涉及国家安全利益问题上要坚持原则，不妥协、不让步；在具体合作领域，可以考虑牺牲小我而成就大我。当然，合作的前提是我国与西方国家在真诚、自愿基础上的互惠互利，共同发展。也只有这样，全球性生态问题的解决和环境质量的提高才有可能，生态殖民主义现象才能得到有效遏制。

（2）建立自己的绿色壁垒。

面对日益严峻的生态危机，在国际贸易中建立自己的绿色壁垒是必要的、必需的。其必要性有三个：一是遏制西方国家转移"夕阳产业"。"比较优势说"是西方发达国家为其转移环境污染提供的借口，其主要内容是：由于落后国家的资本与劳动力的作用有限，甚至无法在国际市场上自由流动，所以，国际经济贸易不但是必要而且是必需的，可以扬长避短，发挥各自的比较优势。"比较优势说"的理论基点主要在大卫·李嘉图，但17世纪的大卫·李嘉图其理论的历史局限性明显，他过度关注经济利益（狭义）而忽略了社会效益（广义），特别是生态环境效益。1991年12月，世界银行首席经济学家劳伦斯·萨默斯（Lawrence Summers）在给《经济学家》的备忘录中建议世界银行鼓励"更多的肮脏工厂"移居到落后国家，其理由是"在贫穷国家，出于审美和健康原因对清洁环境的要求有比较低的优先权，因此，当环境受到破坏时，其费用估价并不很高"（《经济学家》1992年9月8日）。虽然萨默斯的观点具有一定的客观性，但是由于他忽略了环境的公正性，而只考虑经济效益，这一理论不但曲解了环境优先权，而且是不可持续的，是狭隘的、短视的。因为生态系统的价值是无法用金钱来衡量的，我们见证了太多的例子，即便是用尽毁坏自然环境获得的收益也无法恢复生态系统的良好水平。建立适合于我国国情的绿色壁垒，对于保护我国生态环境和生态产品有着重要作用。二是有助于破除环境殖民政策。改革开放以来，我国引进外资的幅度进一步扩大，这在客观上增大了发达国家实施其环境殖民政策的可能性。我国应建立完善三资企业的审批力度，加强对环境效益的评审工作，把对生态环境有害的投资阻挡于国门之外。还要对现有的三资企业进行严格审查，促使其采取必要的环境治理措施，消除污染。三是有利于提升自身经济发展水平，提高产品质量。我国有自己的一套绿色标志认证体系和绿色技术标准，但其中的很多标准与国际标准差距较大，这成为我们在国际贸易中经常被动挨打的一个客观原因。实施绿色壁垒，提高环境标准，有利于我国企业自身的发展壮大，只有增加产品竞争力，我们才能够在世界市场上变被动为主动，为我国经济社会的发展创造更多的便利条件。

（3）动态调整外资政策。

反对生态殖民主义，我们可以采用动态调整外资政策的办法，对外资企业实行环境成本内在化。2007 年 11 月 7 日，国家发改委和商务部联合颁布了修订后的《外商投资产业指导目录》，提出不再允许外商投资勘查开采一些不可再生的重要矿产资源；限制或禁止高物耗、高能耗、高污染外资项目准入等内容。2011 年 12 月 24 日，《外商投资产业指导目录》（2011 年修订）指出，限制外商投资特殊和稀缺煤类勘查、开采；电解铝、铜、铅、锌等有色金属冶炼；易制毒化学品生产；资源占用大、环境污染严重、采用落后工艺的无机盐生产等内容。即便是有了明文规定，社会上仍然流传着外资参与矿产资源勘查开发"利远大于弊"的言论。矿产资源是我国资源性行业赖以生存的基础，但由于相关法规的欠缺，我国的矿产资源还没有完全走入市场，使得许多以矿产资源开采或浅加工为主的行业可以无偿占有大量国有资源，这是生产成本外溢的行为，容易产生超额垄断利润。这也是为什么外资热衷于资源性行业企业的重要原因。作为国家主管部门应根据人民币升值的幅度，采取动态的策略控制外资企业在我国资源性行业进行野蛮掠夺或低价开采。面对外商投资企业向我国转移污染的问题，我们应参考国际规范，建立我们自己的环境壁垒体系，同时使治理污染的社会成本内部化，由外企承担相应的污染成本，采取"排污者付费原则"。目前发达国家要求根据"谁污染，谁治理"的原则，污染者应彻底治理污染，并将所有自理费用计入成本。①

（4）加强南南合作。

加强南南合作应该成为发展中国家应对生态殖民主义的主体对策。在不公正的国际政治经济旧秩序中，发展中国家在与发达国家的国际贸易中为了谋求生存，而不得不迎合西方垄断资本制定的游戏规则，暂时依附于发达国家，例如要求财产的全面私有、市场运行的绝对自由、政府干预的最小化等。而这种依附性发展的最直接后果就是生态环境的急剧恶化与资源能源的大幅度减少，这是明显的生态殖民主义政策。反对生态殖民主义，广大的发展中国家就要联合起来，加强南南合作。2002年8月，世界可持续发展高峰会议在南非的约翰内斯堡召开。在此次峰会中，发达国家对待生态问题的立场使发展中国家完全明白了一个道理：要想在复杂多变的国际风云变幻中拥有发言权，更好地反对生态殖民主义，在解决生态危机时发挥中流砥柱作用，广大发展中国家必须团结合作起来，采取一致立场，不屈服于发达国家的经济、政治压力。"南南合作"的途径有很多，环境合作是其中的一种，这种合作将给发展中国家带来共同的收益。随着经济全球化、贸易自由化、区域合作一体化的加强，南南之间的环境合作变得更加必要和迫切。在经济发展和环境保护关系的处理经验和技术知识方面，发展中国家之间既有共同点也有不同点，这为双边、区域之间的合作提供了可能性和基本条件。如果我们能够审时度势，抓住机遇，就可以为发展中国家的发展壮大奠定更牢固的基础。南南之间的环境合作先从区域性合作开始，注重各自的地理环境、民族传统、风俗文化、

---

① 郭尚花. 生态社会主义关于生态殖民扩张的命题对我国调整外资战略的启示[J]. 当代世界与社会主义，2008（3）.

宗教背景等，在此基础上进一步发展区域之间的联合，甚至是更高层次的合作。区域合作是发展中国家环境合作的最低层次，但也是最重要的层次，它为处理全球性的生态危机问题提供了一种可行手段。

二、转变传统生活方式，增强公民的生态文明意识

传统的生活方式对自然环境的影响较大，特别是在科技水平比较发达的今天。随着商品的丰富和交通的便利，人们施加给环境的威胁和压力也越来越大。由传统生活方式转变为新兴生活方式是社会主义生态文明建设的内在要求，是促进我国经济结构战略性调整的必然。从一定意义来看，生态问题其实也是人们的生活方式出现了问题，因为人们的消费行为对生态环境的影响无时不在、无处不在。高消费的存在、人们对消费主义的膜拜从客观上刺激着大量生产的生产方式、大量消费的生活方式的发展，是产生生态问题的重要思想根源。要搞好生态文明建设，就必须转变人们传统的生活方式，建立与生态文明相适应的可持续的消费模式。生活方式的转变对于节约资源、引导消费、改善国民身体素质、实现社会稳定等起着积极作用，也是实现人的全面发展与中华民族伟大复兴的可靠途径。需要指出的是，由于生活方式的形成不是一朝一夕的事情，它是日积月累的结果，所以新生活方式的形成必须要采取综合措施，借助全社会的力量，在广泛社会认同的基础上，使之成为人们自由自觉的选择。

转变消费方式，实现生态消费。社会主义生态文明建设的健康发展，经济结构的战略性调整，都需要生态消费的支持。消费要合理、理性，不要奢侈和浪费。近年来，我国奢侈品消费的高速膨胀与我国经济社会的发展水平不相适应，与我国传统生活理念不相适应，也与我国的生态文明建设不相适应。我国实现全面建设小康社会的任务任重道远，要大力倡导科学、理性的消费理念，反对奢侈和浪费，实现消费水平提高与降低物耗、减少污染的有机统一。不合理的消费方式既超越自身的经济发展水平，又浪费了社会财富；既破坏了自然资源环境，又阻碍了经济的可持续发展，对居民消费水平的渐进式提高极为不利。

　　人类在不对自然环境"伤筋动骨"的前提下享受生活是无可厚非的。但是作为最大的发展中国家，在资源能源有限以及面临生态危机的情况下，如何转变人们的生活方式，反思、矫正已有的不良消费行为和习惯，就变得格外重要。实现生态消费就要做到满足合理需要与杜绝浪费的统一，提高生活水平与保护生态环境的统一，消费行为与社会主义道德原则的统一。没有生活方式的根本转变，生态文明建设不可能完美。生态文明建设需要更新消费观念，优化消费结构，鼓励消费绿色产品，逐步形成健康、文明、节约的消费方式。

（一）反对消费主义

　　消费行为、消费习惯在人们的生活方式中占据了重要位置。生态文明建设需要建立起生态性的消费行为和消费习惯，并逐渐消除消费主义的影响。消费主义从一开始就在全世界范围内产生了极大影响，它具有诱惑性、象征性、浪费性、全球性的特征，对人类道德、社会风气、自然环境，乃至世界的方方面面都起到了不良影响，因此必须超越消费主义，树立生态化的消费理念。当然，我们在消费过程中，一方面要刺激消费，另一方面又要合理引导消费，尽量避免不合理、不科学消费现象的产生。

　　1. 消费主义的特点及其不良影响

　　20世纪初，消费主义（Consumerism）在美国逐渐产生，它是一种推崇消费至上、享受至上的社会文化现象。作为一种社会文化现象，消费主义把它的价值取向和人生目标定格在对过度消费的满足上。受此种观念的影响，消费主义者把对物质财富的无限占有，对无度消费的贪婪追求作为人生的最终目标和全部价值。

　　资本主义的不断扩张和发展必然会加剧供需之间的矛盾，为了化解这种供需间的矛盾，同时使生产的商品或服务能够有效地流转起来并且产生利润，消费主义作为解决这种问题的最好办法就应运而生了。消费主义不是单独指消费某种实际商品或服务，它是一切消费行为的总称，是一种精神层面的消费心里，但是这种消费心里不是由实际存在的消费力来决定，而是变成了一种不以消费力为基础的消费心里活动，商品是作为一种符号载体而存在的，它激起人的各种欲望，并促使欲望变成一种实际行动，从而使消费变成非理性的狂欢。人们消费的不仅是物质产品，更是象征符号；人们所满足的不仅是肉体的需要，更是精神的需要。在某种程度上，符号象征着人们的社会地位和经济水平。所以，消费主义的消费内涵和传统社会的消费内涵之间有着本质上的不同，商品和劳务的使用价值不再是消费对象的焦点，体现在他们身上的社会性内容才是人们消费的驱动力。消费主义作为"一种价值观念和生活方式，它煽动人们的消费激情，刺激人们的购买的欲望，消费主义不仅仅满足需要，而在于不断追求对于彻底满足的欲望。人们所消费的不是商品和服务的实用价值，而是它的符号象征意义。消费主义代表了一种意义的空虚状态以及不断膨胀的欲望和消费激情"①。人们把这种无节制的消费主义视为人生理想和人生追求，不管是在工作领域还是生活方面都推崇这种不理智的消费主义来满足自己的私欲，来为了彰显自己的个性，同时满足自己在与人攀比中的虚荣心。这种消费主义是人们用有形的实际物质来使自己心理满足的一种扭曲的价值观，这种价值观具有传染性和引导性的特点，一旦身边有人推崇这种思想，那么这种消费主义就会引导人们盲目的推崇，并且像病毒扩散一样肆意蔓延，严重影响人们的正常生活和健康的价值导向。

（1）诱惑性及对人类道德的败坏。

消费主义具有诱惑性。随着生产力的发展，物质产品的丰富，以往的生产不足已经转变为大量商品的过剩。经济中一直难以解决的历史难题是供需间的平稳以及经济的稳定，而生产过剩无疑会严重影响社会经济的健康发展，要想从根本解决这种问题，需要我们采取多种途径，首先，通过政府调控和引导经济方向，完善政府的监管和管理职能；其次，企业应该着重关注市场走向，了解人们的行为习惯和产品喜好，生产出满足人们需要的产品；最后，产品经营者应该通过合理的营销行为增加供需，带动市场消费。只有通过多层次多渠道的通

①　王宁．消费社会学［M］．北京：社会科学文献出版社，2001，第145页．

力配合，才能合理促进消费，从而实现经济转型以及维持经济平稳发展。人们的社会态度和消费需求受到这些诱惑性活动的刺激，人们的心理就屈从于社会对消费的调节，从而促进了人们的需求和消费活动的兴旺。这时的社会生产既包括了产品生产，也包含了满足人们的消费欲望的生产，社会生产成为对消费者的生产。

消费主义如同一种精神鸦片，它会使人迷失在过度消费带给他们的虚荣心的满足中，这种虚荣心的不断被满足，让他们过分陶醉在物质消费中，而忽略了精神消费，消费主义把人变成了物质上的富翁，也把人变成了精神上的乞丐，使物质消费与精神消费失衡，消费变成畸形消费，马克思称为异化消费。当人们被消费主义浪潮所包围时，他们就已经陷入了欲望和满足的矛盾的泥沼之中，幸福感会随着这种现象的加深而逐渐降低。因为资本无法停止它追求利润的脚步，资本的逻辑要求实现利润的最大化，为了维持再生产的正常进行，卖出商品，必须要激起人们已有的消费欲望，并制造出新的消费需求，使大量消费成为人民群众生活的常态。迈克·费瑟斯通指出："资本主义生产的扩张，尤其是世纪之交（指 19 世纪与 20 世纪之交）的科学管理与'福特主义'被广泛接受之后，建构新的市场、通过广告及其他媒介宣传来把大众培养成消费者，就成了极为必要的事情。"[①] 这种现状的出现是一种社会化的虚荣表象，人的消费力已经从正常的合理消费变成了一种虚荣消费，人由经济的支配着变成了消费主义肆意蔓延与发展的工具。

（2）标志性、标签性对社会发展的影响。

消费主义中的标志性。随着社会经济的发展，商品的种类和数量也在逐年增加，并且增加的速度非常迅速，作为消费主义而言，商品已经远远超出了商品本身带给人的价值，而更多的是商品消费给人带来的心里上的满足感和荣誉感。所以说人们对于商品的选择有一部分是对于他的需要，但是很大一部分却是选择的是一种价值观取向以及一种思维方式，选择的商品从一定意义上也代表了一个人的社会阶层。

---

① ［英］迈克·费瑟斯通．消费文化与后现代主义［M］．南京：南京译林出版社，2000：19.

选择的商品的贵贱之分同时也标志着选择人的消费水平以及其所代表的社会阶层。而消费主义的标志性是以产品为展现方式的，消费主义的出现标志着人们在选择商品的时候，不是以是否使用或者是否为自己所需为参考点，而是更多的考虑商品给自己带来的社会性价值，这种消费的标志性符合现代人的生活方式和消费价值观，而且越来越被推崇。

标签性赋予了商品一种超过其本身实际价值的价值，更多的体现为一种文化思维领域的价值，是商品的一个标签。对商品进行包装已达到提升商品品级是一种非常常见的商业手段，众所周知，我国是世界性消费大国，每年都产生体量非常庞大的包装废弃物，如果对于这些包装废弃物不能妥善处理，那么给自然环境带来的影响是非常大的。但是包装作为商品的一个标签属性，每一个企业都会付出很大的人力物力财力在包装上，因此，这对于一个企业的运营成本是具有很大挑战的。而且这种包装的大规模使用也会对资源产生浪费和消耗，而且很多的浪费和消耗其实是可以避免的，因为有些只是为了满足客户的虚荣心，对产品使用并没有太大的帮助，所以说这种标签属性使得商品在使用价值保持不变的情况下增加了很多不必要的成本以及资源投入，而且也给自然环境带来了污染，但是人们在嫉妒、虚荣心的心理作用下更加剧了这种消费力的提升，促进了这种恶性市场的发展，在这种价值观的引导和驱动下，人们的消费开始变得盲目和虚荣，这在很大程度上离不开一些商家做的引导，比如一些商品广告在很大程度上夸大了商品的实际功效或价值，阻碍了人们的正确判断力，在一定基础上引导了人们的消费行为。

（3）浪费主义对自然环境的危害。

伴随着消费主义的肆意蔓延，浪费主义在消费的引导下慢慢凸显。传统的社会经济体制中，商品交易的前提是有价值，同时，只要商品本身依然存在着其使用价值，就意味着商品可以被用来交易，换言之，商品被替代的前提是商品本身价值已经被发挥完全，这在很大程度上增加了对商品的使用频率，以及增加了商品的使用寿命，同时减少了因商品生产而产生的资源浪费，这是符合社会健康发展规律的一种行为，但是浪费主义的出现打破了这种健康的社会习惯，极度的消费主义以及消费主义标签性的特点使得人们早已不去关注商品的使用价值，就更别说会长期坚持使用了，慢慢的这种浪费主义就形成了，而浪费所产生的消极影响大家是有目共睹的。

消费主义的肆意蔓延极大地破坏了自然环境的和谐发展。人类消费的商品大多来源于自然资源，同时商品的生产必然面临自然资源的消耗。自然环境对人类的生存和发展起着非常重要的作用，并且，人类通过对自然的提取和改造来满足自己的需要，人们的消费过程看似是在消耗商品，但是从本质上来看是在消耗着自然资源，是和自然进行的等价交换，甚至于过度的开发和利用还会造成环境的破坏与污染。随着社会经济的不断发展，我们提出了可持续发展的战略目标和一系列方针政策，目的只有一个就是保护我们的生态家园，保证我们的生态家园不会随着经济发展而带来危害，那么想要实现可持续性发展就要始终坚持有计划性地进行开发，不能盲目地对自然资源进行发掘与利用，制定的开发计划一定要有科学依据，符合规律和现状，但是能做到可持续开发的企业少之又少，因为在消费主义畅行的今天，人们被贪婪的物欲享受冲昏了头脑，人们对商品的浪费熟视无睹，由于个人的攀比心和炫耀的心理，使人们对高端奢侈品尤为青睐，为了购买这些商品，为了满足自己的虚荣心，很多人为此倾家荡产仍不知悔改，而且深陷之中，不能自拔，这不仅刺激了消费，同时给环境带来了浪费，继而破坏了我们的生态家园。

（4）资本主义世界化对全球的危害。

众所周知，消费主义是伴随着资本主义不断发展的产物，是资本主义为了刺激消费，扩大生产而主导的一种恶性消费习惯，在消费主义的熏陶下，资本主义呈现裂变式的发展和蔓延，很快全世界已经遍地是资本主义的种子和萌芽，这种资本的蔓延已经生产的繁荣带给世界生态体系的是无法弥补的损失。一些西方发达资本主义国家崇尚把他们的消费主义去利用各种方法带到世界各地，从而掠夺更多的资源和财富，这种模式可以说在一定程度上迅速地发展了自己的经济，积累了众多的财富，一些发展中国家看到这种模式带来的收益后纷纷效仿，这其中就包括我们国家。为了促进经济发展，提高消费能力，满足经济发展需要，我国也进去了这样一段不可持续的、高消费的模式之中。消费主义的肆意蔓延无疑加重了生态环境的破坏。2003 年数据显示，美国人均能源占有量使我国的十倍之多，而且人均收入方面，美国是我们国家的七倍，从数据上来看，我们国家和美国的差距还很大，但是各种资料表明，我们国家奢侈品消费能力却远远超过美国，没有其他国家能和我们相比较。但是消费水平高给我们带来了很大的问题，因为我国经济发展虽然快，但是科技水平发展却很慢，能源的转化率偏低是目标的现状，举个例子来说，我们国家经济增长值如果和美国一样，那么我们增长所需的能源将是美国的三倍之多，同样比较的话我们是日本的七倍，这样的数据对比令人咋舌。我国是人口大国同时也是消费大国，再进一步说我国是一个超级大的能源消费大国，今天我们从各种媒体报纸上都能看到，我国的各种资源储备量正在急剧下降。同时更为严重的是环境污染，我们为西方资本主义国家提供了太多劳动力和承接了太多给环境带来伤害的工程，为了 GDP 的提升我们给生态环境带来了巨大的伤害。

消费主义是一种全球化现象，并不是哪一个国家或集团所能控制或主导的。消费主义最明显的表现就是，千百万人的认同、接受、效仿和实践，其最直接的结果就是过度消费现象的大量产生。虽然过度消费给企业带来了巨大的利润，但从人类社会的整体来看，从可持续发展的视角来看，却是弊大于利的。

2. 引导正确的消费观念

（1）既要刺激消费又要合理引导消费。

我们要合理地对待消费力，对待消费不要过于极端。我们知道消费主义给生态环境带来的伤害，但是这不意味着我们就此不再进行消费，这样是不可取的，我们要理性地看待这个问题，任何事情都有利有弊，没有消费就没有经济的发展，没有发展何来稳定的生活呢？但是又不能过度的崇尚消费，过度消费就是浪费了。那么我们如何在其中权衡呢？这就需要在消费模式上要建立在可持续发展的基础上，任何的消费体都要建立在维持生态环境健康有效发展的基础上。

消费主义不但扭曲了人性，也破坏了自然环境。在消费主义文化背景下，衡量一个人的生活好坏及社会地位的唯一标准就是看他对商品的拥有量和消费量。消费量中的"量"有两层含义，一是指数量，二是指质量。消费主义理念中的商品的质量往往与"奇"是联系在一起的。人们在追求商品丰富的同时，还要追求商品的新奇。而越是新奇的商品，在自然界中往往是越少的越值得珍惜，在生态系统中的作用也是越重要的。从20世纪初消费主义的产生到20世纪下半叶这一段时间内，人们向自然界索取的东西，比以往的所有索取的东西的总和还要大，消费主义的产生和成长过程，其实就是破坏自然界的过程。

（2）理性健康的生态化消费观。

传统观念中，人被认为是宇宙的载体，世界万物都是围绕人类而生存发展的，自然环境、生态资源等都被称为是人类生存发展的附属品，是为了满足人类需求而存在的。这种观念导致人类为了满足自身的利益去对自然资源进行没有克制的索取，而从来没有因为资源的保护而要求人类做些什么，这是对生态环境的不负责任。从辩证角度来看，环境和人类是相辅相成的关系，人类不是世界的中心，只是世界发展的一个参与者而已，但是人类的生存发展却是建立在良好的生态环境上的，所以为了保护人类的自身利益以及保证长久的健康发展，只有做到人与自然和谐共存，把保护生态环境作为立业的根本，尊重环境，保护环境，尊重自然的意志，同时人要有正确的生态环境价值观，利用正确的行为准则来约束自己。只有在建立法则的同时自己严格去执行才能从根本上解决人与生态环境之间的环境。要想用制度来约束人们的行为，首先，要从思想认识上给人们灌输生态环境对于人类的意义，由于长久以来为了经济发展而存在的狭隘的功利主义和消费主义，使人们从心里已经忘记了生态环境对于我们的重要意义。忽视了人与自然共存亡的本质，忽视了客观规律对人类的影响，同时也忽视了自然生态系统因为发展所带来的恶性影响。要知道人类离开了生态环境等于失去了一层保障，人类虽然有着改造环境的能力，但是面对大自然庞大的生态系统，人类是非常脆弱不堪的。失去了生态环境的保护人类将难以生存，更何谈发展呢？所以要从本质上改变人的思想意识，把这种以自己的利益、经济的发展为核心出发点的思想观念要转变为以生态环境、人类与环境和谐发展为基本出发点的价值观上。殊不知，人有人的行为约束准则，生态环境也有其固有的发展规律，在人类社会中违背了约束其的法律法规必将受到法律法规的惩罚，同时违背了生态环境的发展规律也将受到生态环境的惩罚，而且在生态环境的惩罚面前人类是非常渺小的，所以我们不能触犯生态环境的发展规律。要从本质上建立环境和谐发展的价值观，并且在保护生态环境上身体力行，把人与自然融为一体共同发展共同进步。只有如此我们才能建立起良好而健康的生态消费法则，才能从根本上避免生态危机的发生、解决生态危机问题。

从国际范围来看，消费主义已经成为发达国家中的主流消费之一，它与资本主义的生产方式相适应，并迅速向全球蔓延。从国内范围分析，由于受到消费主义的影响，目前我国的高消费、不合理消费的现象普遍存在，生态问题越来越严重。所以，我们要自觉抵制消费主义及其不良影响，坚持从自然界生态环境的承受能力出发，尽可能地采用对自然环境产生影响较小的生活方式，努力发展那些既能满足人的需要，又与自然环境相互协调的生态化产品，把人的消费活动和消费水平限制在自然界的承受限度之内，维护好自然界的生态平衡，树立生态化的消费理念。同时，作为国家权力代表的政府和舆论喉舌的媒体要在环保宣传上加强力度，使消费者充分认识到，消费的水平和质量不仅取决于商品、服务的数量和质量，还取决于人们所处环境的好坏。通过这种方式，帮助人们认清消费主义的危害，引导人们树立保护生态环境、节约自然资源的新理念，自觉地建立生态化的消费模式。

（3）实现科技理性与价值理性的和谐统一。

当今社会，要切实解决因消费主义而诱发的生态危机，就要实现科技理性与价值理性的和谐统一。科技在经济社会中的重要性不言而喻，它在一定程度上支撑着人类社会的发展。那么，作为社会发展内容之一的生态文明建设同样离不开科技，科技理性是生态消费伦理的重要组成部分。可是，生态问题的解决不可能只靠科技理性这个因素，并且科技理性的过度膨胀也正是引起生态危机和精神危机的原因之一。

面对严峻的现实，人们开始反思自身的行为及其对自然界带来的影响。罗马俱乐部认为，由于人类欲望的极度膨胀，人类通过科技理性把自身的意志强加于自然界，对自然资源进行了毁灭性的开发，破坏了人类赖以生存的自然环境，加速了人类的灭亡。在《单向度的人》一书中，马尔库塞对消费主义进行了尖锐的批判。马尔库塞认为，由于现代社会的科学技术和人们的生活都有了很大程度的提高，加上人们受到消费主义的影响，就变成了只有物质而没有精神，只有追求物质享受而迷失了精神生活的"单向度的人"。也就是说，我们不能因自身的好恶而去偏爱科学理性或去追求价值理性，两者不能偏废，要有机结合，才可能找到解决生态问题的出路。如果不能正确发挥价值理性的引导作用，科技的发展就会变得盲目，诱发大量的生态问题，甚至会导致人类的消灭；如果不能正确发挥科技理性的作用，人类的生存和发展就会失去必要的物质支撑，也无法解决实践过程中出现的生态问题。所以，我们应该寻找科技理性和价值理性二者恰当的结合点，扬二者之长，避二者之短。正确使用科学技术这把"双刃剑"，合理地利用自然、保护自然，实现人与自然的和谐统一。

（二）坚持生态消费意识

社会主义生态文明建设要求人们生活方式的转变，而生活方式的转变则要求树立一种生态化的消费，生态化的消费是反对消费主义的有力武器，也是循环经济发展中的重要一环；生态消费是实现消费从工具理性到目的理性转变的内驱力，体现着人们对自身本质发展的必然追求。当然生态消费的建立必须与我国目前的基本国情相适应，要体现以人为本、健康向上等基本要求，坚决反对和摒弃畸形的社会价值观对消费的不良影响。

1. 生态消费的价值考量

（1）生态消费观念的出现能从根本上遏制消费主义。

生态消费从本质上是消费主义的一种升华和提升，它的出现改变了我们的消费习惯和消费观念。从科学的角度来讲它为我们的消费行为提供了科学而健康的理论依据。人类之所以会有消费的行为，是源于人类对于自身需要的满足。从本质上来讲人类的消费是为了人类的自身有更大的发展和进步。但是狭隘的消费主义价值观的出现，改变了人类价值取向。由满足自己的需要上升为利用消费满足自己的虚荣心，以及利欲心，随着人类社会经济不断的发展与进步，不光是在精神领域还是在物质领域都应当有长足的发展和共同进步。消费主义价值观的出现，使人类的行为出发点集中在了追求物质生活，而没有把目光集中在精神领域的层面。由于人们的狭隘的消费主义价值观的导向，人类在满足自己的私欲和虚荣心上变得越来越激进。为了发展忽视了生态环境的保护，给生态环境带来了创伤，越来越多的数据表明现存的生态危机出现的根本原因，是人们对资源的无限制挖掘和索取。消费主义的升级是浪费主义，随着浪费主义的发展对于生态环境的破坏将会越来越严重。在这里我们呼吁对生态环境的保护，但是不等同于我们放弃消费。对于经济发展、消费水平提升我们持乐观态度，但是我们坚决反对消费主义。我们应该建立良好的、健康的消费习惯。当然，从社会历史的发展过程看，勤俭节约、爱护环境的运动并没有风起云涌，摧枯拉朽。但是，在资源日益枯竭、生态危机日益严重的今天，当我们为解决生态危机问题而一筹莫展的时候，我们发现，以消费需求拉动经济发展的思想并非坚不可摧，无懈可击，它也只能在相对限度内才能够发挥出最佳效用，而不能一味地向前推进，必要的时候还需要往后拉一下。人类社会经济增长的历史，其实就是自然被不断改造的历史，是人类和自然交互作用的历史，在这个过程中，人类付出过惨痛的代价。所以，我们应该消除消费主义价值观的不良影响，用生态化的消费理念去引导人们的消费行为，满足自身合理的消费需求。

（2）生态消费的出现符合人类社会经济发展规律。

生态环境是一种理性消费，在消费模式上它既满足了人类生存发展的需要，同时又保护了人类的生态环境。可以说生态消费的出现是人类经济发展的升华，是人类与社会经济的表现。它在根本上符合生态消费的出现符合人类社会经济发展规律。

随着社会经济的发展与进步，消费行为贯穿于经济发展的整体，但是消费只是促进发展的手段而非人生的最终追求。在经济发展的初级阶段，人们的发展需求是对于各种物质的需求以及物质享受，在不断的消费过程中，人们的思想认识变成了极度物质主义。当这种物质主义充斥在整个社会生活中时，人们忘记了消费的含义，误以为消费是人生的最终追求，人们的生活变得失去理智，物质消费被人们所追求，物质主义成为人们基本的价值观念。受制于物质观念下的人们对待消费转变了认知，没有看清消费是为了满足人类更好、更全面发展的一种手段，而认为人类的生存和发展就仅仅是为了消费。这种心态下的消费理念使人类社会陷入了一种病态，给人类精神文明建设带来了阻碍，所以我们要反对这种狭隘的消费主义。社会经济的发展给人们带来了一种狭隘的认知，即物质发展是人类发展的根本，这种认知是错误的，人类的生存发展进步不仅仅要依靠物质上的提升，同时更离不开精神文明的建设，以及人性内在文明的发展和提升。一味地为了发展而发展只会使人们不断地误入歧途，最终导致的后果就是发展过剩，以及盲目发展所带来的生态环境的破坏等。所以我们要从内心改变这种观念，改变这种病态的消费心理，把消费的基础建立在健康的生态环境之上，从思想认知上明确消费是为了更好地给社会经济带来正向和健康的发展。生态消费观念的出现有助于我们改变传统的消费思维，它从本质上明确了消费的真谛，生态消费是建立在生态环境和谐发展的基础之上，符合现代社会文明发展的规律，即社会健康发展建立在保护环境、坚持生态和谐的基础上。人是社会发展与进步的主体，人的思维和活动导向直接影响了生态环境的发展，而生态消费观念从本质上提升了人类的思维认知，改变了人类的消费观念，使人们认识到了生态环境对自身发展的重要意义。马克思曾经说过，生态消费是人的复归，它从根本上改变了人与生态环境中的关系。而且生态消费的出现从根本认识上把消费行为作为了服务于人类的手段，而非人类成为消费的附属品。生态消费从根本上决定了消费的定义，从本质上使消费变得更加感性和富有生机。从人类社会生存发展角度而言，它的出现正确地引导了人们的行为习惯，改善了我们的生态环境，符合社会发展的一般规律，更好地促进了人类与生态环境的和谐发展和共同进步。

（3）生态消费是实现消费从工具到目的转换的内驱力。

人的需求是消费的起点。人生来就具有需求，无论是物质的还是精神的，无论是心理的还是生理的，这是天然的"内在规定性"，马克思认为，这种天然的需求是人的本性，也是人为了自身的某种需要和为了这种需要的器官而做事的前提。在人类的自身发展过程中，人们为了平衡生态关系，产生了生态需求。生态需求具有典型的二重性特征。

从生态需求在人类需求体系中所占的位置来看，生态需求是人类的生存、发展、享受的集合体。生态需求既包括了人类最基本的生存需求，也包括了人类的发展和享受需求。人们在美丽的大自然中，可以愉悦身心，陶冶情操，发展体力和智力，有利于人的全面发展。所以，生态需求是人类本性的体现。生态需求是人的物质需求和精神需求、生理需求和心理需求的统一体，一方面，生态需求具有物质方面和生理方面的需求属性，需要拥有一定的生态特质；另一方面，生态需求又具有精神方面和心理方面的需求属性，需要一定的精神愉悦。

从生态需求在人类需求内容中的位置来看，生态需求不但是一种结果，更是一种动力。人的需求是丰富多彩的，"在社会主义的前提下，人的需要的丰富性，从而某种新的发展方式和某种新的生产对象具有何等意义，人的本质力量的新的证明和人的本质的新的充实"[①]。人类的需求结构由物质、精神、生态三方面组成，其中，人类物质和精神需求是生态需求的基础和前提，生态需求则是物质和精神需求的必然结果，而人类生态需求的发展又可以进一步推动人类更高层次的物质和精神需求的满足。生态需求是人类需求结构体系的基础和动力之源，也是人类在经济增长和地球承载力崩溃之前的追求持续发展的内驱力。生态消费的目的是为了满足人们的高层次需求，以促进人的全面发展和社会的整体进步，避免资本主义社会把消费当作牟利工具的弊端，从而在对待消费的问题上，实现从目的到工具的转变。

---

① 马克思恩格斯全集（第46卷）［M］. 北京：人民出版社，1979：104.

（4）循环经济离不开生态消费价值观的形成。

20世纪中叶，随着科学技术的进步与发展以及经济发展过程中对生态环境的损伤，人们开始研究一种新的消费模式，借以解决人类发展和自然界之间的矛盾。通过不断的实践与研究，在20世纪末，人们对于可持续发展思想越来越崇尚和认可，而且一些国家把可持续发展定位本国发展的基本国策，而这种可持续发展体现在经济模式中被称为循环经济，循环经济的发展核心就是人与自然的和谐发展，共生共存，体现在经济发展过程中要遵循生态发展的一般规律，在既不影响人类社会经济文化发展的前提下，同时保护自然环境，保护生态环境的可持续发展。

这种把在生产过程中对资源的重复利用和整合，以便符合生态文化健康发展的经济模式称为循环经济。循环经济的出现从本质上改变了传统的工业生产模式，它在传统工业生产模式的末端进行了优化和升级，即资源的再利用和优化整合。循环经济的出现不仅提高了工业生产的产能，提高了效率，降低了成本，同时又保护了环境，对生态文化建设的有序进行起到了关键的促进作用。同时面对新的生产模式，我们将会面临新的问题。第一，在原材料的选材上，我们要进行优化，选取更有利于回收利用的原材料，对待生产机器和工艺流程要进行升级和创新，在保护环境方面做到减少污染，同时这样也有利于工厂降低企业生产的成本，从而提高企业的整体竞争力，循环经济不仅仅体现在企业端，作为普通消费者而言，我们要选取符合经济发展的产品，选择符合生态健康发展的产品，对那些不符合标准的企业或产品采取抵制的心态。第二，在生产工艺上要进行创新和升级，改变传统的生产工艺，有效提高原材料或资源的重复利用率，最大限度地合理使用资源。同时采用这种循环作业模式在很大程度上解决了浪费的问题，再回收的产品或能源不仅可以有效保护环境，同时对企业而言带动了经济，盘活了资金。循环经济的出现可以说实现了人与资源与自然间的联动，在本质上解决了人与自然间的矛盾，促进了生态文明的健康发展，回归消费本身而言，生态消费是社会经济发展的基础，是社会经济能够健康发展的有利保障，同时也是人与自然和谐发展的有力武器。

2. 生态消费的有效途径

健康的消费观念是生态消费，主要体现在"以人为本"的消费观念上。首先，人的身心健康是其全面发展的核心，这体现在一个人的生理和心理发展水平上，是一个人面对社会自然环境所发生的变化。健康的消费观是一个人生理和心理共同融合发展而产生的，是复杂消费观念的外在表现。众所周知，人的身体由不同的细胞和身体机能组成，这些不同细胞以及机能的配合才能保证一个人的健康发展，这就好比是一条完整的生态链，其中有众多环节影响生态链的平衡发展，从辩证论的角度来讲，倘若其中任何一个环节出现堵塞或者损坏，那么整条生态链就会受到影响，就像我们的身体器官一样，而且这种伤害修复起来是非常困难的，即便最后真的修复好了，也很难像初始那样灵活。所以，人的生理健康，不单单是指人身体少生疾病，更重要的是指人身体的平衡与免疫力的提高。人的心理健康是指人的心理活动、态度情绪等各种心理品质的健康。人的心理健康严重影响着人的生理健康。如果人的心理出现了问题，不但会导致生理问题，严重的也会导致死亡。一个长期心理阴暗的人，会严重伤害身体健康。中医有怒伤肝、哀伤胃、惊伤胆、郁伤肺之说，就是这个道理。[①] 生态消费是一种健康消费，它既需要心理健康，也需要生理健康。第二，生态消费是一种素质消费。人的素质的全面提高是人的全面发展的核心。人类的综合素质体现在人们思想道德观念以及行为价值观上，一个人的素质决定了他在文化品德方面的修养，不同的人文环境以及社会形态组成是决定一个人综合素质的关键因素，所以要想提高人的综合素质，就要从人文环境以及教育环境等方面入手。同时，一个人的素质决定了其是否拥有生态消费的意识，以及其对可持续发展的生态价值观的导向作用。生态意识消费包含多种因素，包括人对自然环境的认知、对生态文化的认知以及保护自然环境的观念等，人的综合素质体现在其拥有良好而健康的生态消费习惯，它是生态文明建设的基础，

---

① 廖福霖. 关于生态文明及其消费观的几个问题 [J]. 福建师范大学学报，2009（1）.

也是决定因素。

（1）树立正确的生态文化价值观。

生态价值观的养成取决于人们群众对于自身生态意识的加强，从每个人自身做起养成良好的消费习惯，树立良好的消费价值观，这要求人们对物质方面的需求转化到对文化上的需求，切实做好中国传统优秀节俭文化的继承和发扬，真正落实好人和自然和谐发展。在社会发展进程中，我们要不断进行传统优秀文化的教育的提倡，通过一系列培训和活动来提高人们的生态意识，从而促进生态文明价值观的养成，从意识形态方面，改变以人为核心的思想价值观念，崇尚人与自然和谐发展，人的生存与发展离不开生态环境，同时生态环境的改善离不开人类的贡献，二者是相辅相成共同成长的关系，只有确立了正确的生态价值观才能有助于生态文明的健康发展，反之，则必然会导致环境的恶化，从而威胁到人类的生存和发展。

在工业生产进程中，人们的消费观念反映了不同社会体制的理念，在资本主义社会体制中，人们的消费观念体现在不可持续的消费理念上。伴随着世界经济的开发与发展，中国在接受西方优秀文明的过程中，慢慢的消费观念也被引导也被影响，反应最为集中的是消极的消费观念，众所周知，这种消费主义是产生浪费主义的直接根源，同时也是出现生态危机的罪魁祸首，想要改变这种现状，只有树立正确的消费观念，建立可持续发展的经济发展道路，从每个人自身出发，身体力行的抵制消费主义和浪费主义。

以人为本的消费就是以满足人的合理需要为目的的消费，是人性化的消费形态。我们不但要重视人的自然属性、人的物质欲求，更要重视人的社会属性、人的精神追求。人的物质欲求是满足人的需要的手段，是人的生存和发展的基础，但不是人生的最终目的和全部。生态化的消费就是立足于对人们的物质生活需要的满足，追求人们在精神生活需要方面的满足，以最终实现人的价值，促进人的全面发展。我们坚决反对奢侈浪费的生活哲学，提倡勤俭节约的生活方式，弘扬优秀的传统文化，为全面小康社会的实现，为建设"两型社会"而努力。在消费过程中，我们要确立起尊重生态价值的绿色消费理念，尽可能地避免对环境的污染，实现人们消费行为的生态化转变，从而保持消费的可持续性。

（2）加强对生态消费的引导和规制。

要加强对生态消费行为的引导和规制，需要政府加大相关政策法规的制定，为可持续消费提供制度上的保障。国家可以利用相关的政策和法规来调节人们的消费行为，限制不可持续性消费，提倡可持续性消费，为生态消费的普及开辟道路。在推进可持续性消费模式的建立、规范人们的行为方面，政府有不可推卸的责任和义务。政府在优化消费结构方面要加大力度，使人们的消费结构既能体现出需求的层次性，又能够确保人的体力、智力等方面的全面发展。从我国的具体情况出发，特别要注意区域之间、城乡之间、社会阶层、贫富分化等方面，尽可能减少社会消费分层严重的现象。分配公平与否制约着消费公平，要解决消费分层问题，不断健全社会保障制度，深化分配制度改革，利用各种手段来进行调节，尽可能地提高低收入者的收入与消费水平。我国广大农村和中西部地区普遍落后，人们的收入较低，为此，各级政府不但要努力增加农民的收入，改善农民的生活，而且要积极完善城乡养老、医疗、保险等社会保障制度，确保社会消费的公平正义，维护社会的稳定与和谐。

（3）摒弃畸形的社会价值观。

实现消费的生态化，就要摒弃畸形的社会价值观。在现代社会中，"重利轻义"现象似乎成为一种常态。当人们重"利"轻"义"的时候，人与人之间的关系就容易被物质、金钱等低层次的东西所占领，从而出现人际关系紧张、社会道德滑坡、社会不稳定等情况。现代社会，人们的价值观已被严重扭曲："只讲财富的占有而不讲财富的意义；只讲高消费超前消费，而不问所消费的是不是自己真正需要的；经济的增长被当作了最终的目的，而对在这种经济增长中带来的人的异化现象视而不见；为了利润挖空心思地制造消费热点，盲目攀比，片面顾全面子的现象比比皆是，这种扭曲的价值观必将人类引入歧途。其实，经济的增长只是为达到人的全面发展的手段，财富的多寡并不能证明一切，消费的应是自己真正需要的，人应当成为自己的主人，而不应当变成物欲的奴隶。"[①] 人们应该学会在更广阔的范围内来评判自身的价值，应该在人、自然、社会之间协调发展的基础上谋求人类的发展，民族之间的冲突、恐怖主义的存在都与人类的可持续发展背道而驰。人类不但要开发自然，更要保护自然；不仅从自然中索取，还要学会回报自然。人、自然、社会之间的共生共荣、持续发展才是我们所追求的目标。人们的生存离不开物质产品，但是物质产品只是人们追求幸福生活的条件和必要手段，而不是全部，人的有意义的生活离不开丰富的精神内涵。

如果人们为了满足自身的物质需要，不顾客观条件的限制，盲目追求奢侈的生活和消费，就已经降低了生存的境界。在物质生活之外，人们更要追求精神生活，无论是对真理的探求、艺术的创造、道德的升华，还是开发沉睡在人体内的潜能，高尚的精神生活都可以使人更加热爱生活、热爱自然，关心社会、关心他人，可以使人更容易感觉到幸福和满足。

三、转变粗放型的发展方式，坚持可持续发展

很长一段时间以来，由于我们采取的是粗放型发展模式，过分关注地方经济发展的速度和数量，而忽略了经济发展的质量和效益，使得经济发展没有能够形成合理的格局，既浪费了大量资源，也严重污染了环境，给国家和社会带来了巨大损失。有鉴于此，我们不但要深刻反思以往走过的道路，更要对现行的发展模式进行根本性的变革。生态文明是适应社会发展要求的必然产物，对生产模式进行生态化的改造是推进生态文明建设的重要手段。我国经济增长虽然很快，但经济增长所付出的代价很大。特别是目前我国正处在工业化的快速发展时期，新一轮城市化建设又拉开了大幕，加上各种能源和资源消费强度较高、污染排放较重，经济发展与资源环境的矛盾越来越突出。过去那种依靠消耗大量资源和牺牲环境来换取经济增长的时代已经越来越远，老路越来越难走了。

---

① 张焕明．困境与出路：消费主义的生态审视［J］．福建论坛（人文社会科学版），2006（7）．

在现阶段，转变生产方式的关键是转变经济的发展方式。党的十七大报告明确提出：要加快转变经济发展方式，由主要依靠增加物质资源消耗向主要依靠科技进步、劳动者素质提高、管理创新上转变。这是促进国民经济又好又快发展，实现全面建设小康宏伟目标的关键性的战略抉择。在现阶段，对产业进行生态化改造的重点，就是要建立起以"两型社会"为主导的国民经济体系，即建立起一种资源节约与环境污染少的发展模式，走出一条生态化的农业、生态化的工业、生态化的服务业相结合的发展道路。党的十八大报告指出，在加快转变经济发展方式时，要以科学发展为主题，以加快转变经济发展方式为主线，是关系我国发展全局的战略抉择。要适应国内外经济形势新变化，加快形成新的经济发展方式，把推动发展的立足点转到提高质量和效益上来。要更多依靠现代服务业和战略性新兴产业的带动，更多依靠科技进步、劳动者素质提高、管理创新驱动，更多依靠节约资源和循环经济推动，更多依靠城乡区域发展的协调互动，不断增强长期发展的后劲。党的十八届三中全会指出，要加快转变经济发展方式，加快建设创新型国家，推动经济更有效率、更加公平、更可持续发展。

我国的基本国情决定了我们必须从实际出发，吸取世界各国工业化的经验，充分发挥比较优势和后发优势，促进信息化和工业化相结合。同时，应高度重视科学技术的发展，用高新科技和先进适用的技术改造传统产业，推动产业结构的优化升级，实现经济发展方式由粗放型向集约型转变，走新型工业化道路。

（一）转变经济增长方式

从维护社会的公共利益和保护生态环境的角度考虑，生态文明建设的首要目标，就是要通过人类的经济活动来实现生态的可持续发展。要实现生态的持续发展，关键是要转变经济的发展方式，而转变经济的发展方式正是科学发展观的重要内容和必然要求。以人为本、提高人民的生活水平是生态文明建设的根本出发点和落脚点，转变经济的发展方式就是要促使发展从单纯地追求经济效益的提高，转向对人的全面发展和经济社会的协调发展上。传统的粗放型经济发展模式具有明显的"高"特点，如高投入、高消耗、高污染，也具有明显的"低"特点，如低效率、低产出，因此，它是一种不可持续的发展模式，给自然、经济、社会的发展带来了一系列严重危机，这就要求我们必须要转变经济的发展方式。

1. 由粗放型改为集约型

依据著名经济学家吴敬琏的观点，传统的工业化发展道路实际上就是粗放型的发展道路，这种粗放的缺点有五个方面：①传统的工业化生产模式以重化工业作为它的发展重点，这就明显地与我国的国情不符，违背了我国资源短缺、环境脆弱、人口众多的现状，所以是不可持续的。②因为传统的工业化模式侧重于重化工业，这样一来，企业就漠视了对技术的创新，不注重产品的升级换代，也不注重资源利用效率的提高，所以，是不可持续的。③服务业发展滞后，跟不上经济发展的步伐，满足不了经济增长的要求，所以它影响了经济整体效益的提高。④长期以来我们采取粗放型的发展模式，破坏了自然环境，使我们本来贫瘠的自然资源更是每况愈下，不容乐观。以至于在国际上出现了我们买什么商品，那么市场上该商品的价格就会飞速上涨的尴尬局面。⑤受传统工业模式的影响，我国的高污染产业发展过快，严重地破坏了自然生态环境，影响到经济的发展，因此是不可持续的。统筹经济、社会、生态之间的关系，建立经济社会发展与生态环境保护的综合决策机制，把保护环境纳入各级政府的长远规划和年度计划中，不断提高政府在发展经济、利用资源和保护环境方面的综合决策能力。要建立良性的以循环经济为主要内容的经济发展机制，走循环经济之路。①这是我们当前要着力建设的发展机制，它既有利于资源节约，又有利于环境保护，是经济发展的新模式。

一方面，要大力调整产业结构和产业布局，把对产业结构的调整上升到重要的战略性地位上，加强国家的宏观调控职能，使产业的发展尽可能避免结构和布局的盲目和雷同，加快推进落后企业向先进企业的转移和升级，使产业发展的规模和档次每隔一段时间就上一个台

---

① 魏胜文. 科学发展观视域的生态文明建设 [J]. 甘肃社会科学，2008（4）.

阶，为生态环境的改善创造有利条件。另一方面，企业应该加大治污治散的力度，搞好工业园区的规划建设，按照国际上遵循的 ISO 14000 环境管理体系认证标准来组织生产，这条"绿色"标准是国际上通行的标准，只有依据 ISO 14000 的绿色标准生产，才能够融入国际市场，不断提高商品在国际市场上的竞争力。这就要求我们下决心淘汰那些"两高一低"的企业，建设生态化企业。而发展生态农业，则包括了生态食品、生态林业、生态渔业，生态畜牧产品，生态农业、手工业等方面，即我们所说的大农业，农林牧副渔等。当然，也不能忽视了生态旅游业和环保产业的发展。

2. 正确对待科学技术

（1）既要发展又要驾驭科技。

根据对科学技术态度的不同，绿色理论可以分为浅绿色（shallow green）和深绿色（deep green）两种。浅绿色理论认为，只要太阳能存在，人类就能通过科学技术的力量解决资本主义的生态危机。深绿色认为，科学技术不是万能的，它可以解决某一个或几个生态问题，却不能从根本上解决现代社会的能源危机和生态危机。生态危机的出现并不是表明技术出现了问题，而是表明现代工业社会的运行机制出现了问题，只有彻底地改造现代社会及人们传统的价值观念，才能从总体上解决人类面临的生态危机。浅绿色理论表现出的是技术乐观主义，深绿色表现出的是技术悲观主义。浅绿色和深绿色理论是工业革命以来，人类统治自然思想的延续。在面对生态危机时，浅绿色理论就变成了改良主义，它主张在资本主义工业体系中，通过科学技术来改善生态环境，更新以往的工业体系，使自然能够更好地满足人类的欲望。而深绿色则把解决危机的希望寄托在对传统观念和社会结构的改革上。这样，在绿色运动中，绿色理论所展现出的技术悲观主义与技术乐观主义，以及他们提出的"回到自然中"与"宇宙殖民"的口号，从正反两方面对科学技术与生态危机的关系进行了论述，从而完成了对资本主义社会生态危机的纯科学技术的批判。

现代化是伴随着科学技术的发展而出现的，科学技术带来了大量的物质财富和丰富的精神生活，给人的解放也带来了希望。但是科学技术是一把"双刃剑"，它对现代化起到推动作用，促进了人类发展，同时也带来了消极影响，一方面，它把幸福和快乐给予了人类；另一方面，它也把烦恼和痛苦带给了人类。在当今中国，有很大一部分人还看不到科学技术的负面效应，在他们的眼里科学技术是天使，而不是魔鬼。赫伯特·豪普特曼指出了科学技术破坏生态环境的严重性：全球的科学家"每年差不多把200万个小时用于破坏这个星球的工作上，这个世界上有30%的科学家、工程师和技术人员从事以军事为目的的研究开发""在缺乏伦理控制的情况下，必须意识到，科学及它的产物可能会损害社会及其未来""一方面是闪电般前进的科学和技术，另一方面则是冰川式进化的人类的精神态度和行为方式——如果以世纪为单位来测量的话。科学和良心之间，技术和道德行为之间这种不平衡的冲突已经达到了如此的地步：他们如果不以有力的手段尽快地加以解决的话，即使毁灭不了这个星球，也会危及整个人类的生存。"① 我们必须清楚，科学技术本身是中性的，是无所谓善恶美丑的。

（2）树立绿色科技观。

科学技术是第一生产力，是人类认识自然和改造自然的手段。科学技术的迅猛发展推动着经济的发展和社会的进步。科学技术的进步有力地推动着经济的发展和社会的进步，但是，它也有不利的一面。人类在享受着科技带来的福利的同时，又不得不忍受大自然的报复。高科技产品的大量生产，不但吞噬掉了大量的自然资源，而且又给大自然带来了难以消受的垃圾和污染。依照目前的科技水平推算，中国的现代化需要12个地球的资源来支撑。我国的资源稀缺，而且人多地少，而我们过去粗放型的发展模式恰恰瞄准了这些稀缺性和污染性的资源，这也决定了传统发展模式的不可持续性。所以，我们必须树立生态化的科技观，丢掉传统科技观，探索可持续的生态科技之路。生态科技观追求的不仅仅是单一的经济效益，而是要达到自然、人、社会的协调发展，维护自然生态系统的平衡。生态化的科技观是以协调

---

① ［美］赫伯特·豪普特曼. 科学家在21世纪的责任［M］. 上海：东方出版社，1998：3–4.

人与自然的关系为最高准则，以解决人与自然之间的矛盾为宗旨，来促进生态系统的平衡。绿色科技突破了传统的"三高"技术发展模式的限制，它不但解决既存的生态环境问题，也把生态科技纳入技术创新体系之中，既节约了资源，又保护了环境。所以，生态文明建设必须树立绿色科技观，实现科学技术的生态化转向。

（3）发展绿色技术。

当前，加强生态技术创新，发展绿色技术成为科技创新的重点，特别是要加快先进适用的绿色技术的推广和应用。发展绿色技术，特别要鼓励生态科技型中小企业的发展，并在信贷政策、税收政策、财政政策等方面给予一定的倾斜，实行与国有企业相同，甚至是更优惠的政策。在生态化高新技术成果的转化方面，为生态型中小企业建立风险基金和创新基金，使社会资金流向促进生态科技进步的事业。发展绿色技术，就要使生态科技中介服务体系的功能社会化、网络化，推进生态科普工作的开展。要努力建设生态科技园区，以便于充分发挥绿色技术在经济发展中的辐射带动作用。发展绿色技术，就要加强绿色科技的培训工作，鼓励科技人员流向绿色技术推广应用的第一线。

科学技术的创新在很大程度上保证着节能减排目标的实现。近年来，欧盟国家在相关政策的引导和扶持下，大力发展节能减排技术，对工业制造业中的高耗能设备进行积极改造，他们把供热、供气和发电等方式结合起来运用，大大提高了热量的回收利率。现在，欧盟成员国制造的具有节能减排功能的新型涡轮发电机已经批量投入使用，这种发电机利用工厂锅炉产生的多余动能进行发电，可以产生更多的电能，提高能效30%以上。欧盟成员国认为，一个社会是不是生态循环型社会，要看这个国家是不是真正形成了垃圾转换能源（WTE）的理念。这些思想和措施极大地促进了垃圾焚烧新技术和设备的开发，提高了垃圾中的有机物的燃烧和利用效率，减少了污染环境和温室气体等有害物质的形成。日本各大公司都在进行科技创新，特别是涉及国民经济的钢铁、电力、冶炼等部门，他们挖空心思地寻找节能减排的办法。丰田和本田是世界上生产混合燃料车技术的佼佼者，他们生产的新型混合燃料公交车节能效果极佳，并且没有废气排出的难闻气味，在行驶时也没有噪声，可以说是节能减排中的极品。[①]

3. 环境的生态化管理

（1）管理原则的生态化。

管理原则的生态化就是在生产力充分发展的基础上，遵循自然规律，以实现人与自然之间的和谐发展。生态文明反映着科学技术和生产力的发展水平，也是新的社会发展方式和生活方式发展的必然要求，它不是一蹴而就的，需要坚持不懈的努力和奋斗，只有不断推进生产力和科学技术的发展，才能为生态问题的最终解决提供坚实的物质条件和技术手段。先进生产力的发展，要求人们在开发自然资源之前，一定要深入调查、切实掌握影响生态平衡的各种因素，能确定开发措施不会给自然环境的结构和功能带来较大影响。这样，在促进经济发展的同时，又能够保持自然生态系统的相对平稳，必须坚决杜绝那种对生态环境采取掠夺式开发的生产经营方式。在实际管理中，坚持既要统筹规划，又要重点突出；既要分步实施，又要量力而行的原则。要学会从实际出发，实事求是，坚持按生态规律办事，充分发挥科技的力量，建设社会主义生态文明。

管理原则的生态化就是在建设社会主义生态文明的过程中，要坚持社会、经济、生态等方面效益共赢的原则，促进各方面的共同发展。发展生态经济，建设生态文明，从维护生态平衡的基点出发，加强对生态文明建设的管理，就是要在经济发展、社会进步、生态平衡的基础上，努力实现自然、经济、社会的可持续发展。一切经济活动的存在和运行都离不开生态系统的平衡，生态系统充当了一种实际性的载体，离开了生态系统的平衡，就失去了可持续发展的前提，经济和社会就会陷入混乱不堪的状态之中。所以，要想维持生产的正常发展，必须把生产力的社会性特征和生产力的自然性特征有机地结合起来，并作为推动社会发展的综合性力量。坚持经济效益、社会效益、生态效益的协调发展，使生态经济成为我国经济发展中的一个新亮点。

（2）管理手段的生态化。

---

① 崔民选丰. 中国能源发展报告（2008）［M］. 北京：社会科学文献出版社，2008：29.

管理手段生态化中的手段，主要包括三个方面：经济手段、行政手段、法律手段。第一，经济手段。经济手段是政府运用财政政策和货币政策对生态文明建设实施的管理。一方面，要建立有利于保护生态环境的财政政策，在生态文明建设上加大财政支出的力度，例如，增加林业建设的投入资金，增加水土保持和治理的资金，对生态技术和生态产业的发展实施财政倾斜政策等。要投入更多的绿色基金，帮助企业兴建效益好、污染少的投资项目，或者帮助企业修缮保护环境的基础设施。在实施绿色基金的过程中，要坚持"污染者付费"的处罚措施和"不污染补偿"的奖励办法，刺激企业更多地选择绿色发展战略。所以，政府应加大生态方面的财政预算，通过财政政策加强对生态文明建设的管理。另一方面，要运用货币政策保护环境，加强对生态文明建设的管理。我们的货币政策要向那些对生态平衡发展有益的行业倾斜，包括国家要采取低息或无息贷款等利息率工具来鼓励生态文明建设等；相反，那些对生态平衡发展有害的行业，国家要采取高息或者拒绝贷款的方式加以限制。第二，行政手段。这里的行政手段是指各级行政管理机构依据国家的法律法规，运用自身所拥有的行政权限实施生态文明建设的手段，这些手段包括指示、规定、命令、指令性计划等。在建设生态文明的过程中，各级行政管理机构对其所管辖的领域和部门实行统一管理。行政手段与其他手段相比，其明显特征就在于它的强制性和影响力，这一点是其他手段所不能做到的，行政手段是建设生态文明必需的手段。第三，法律手段。这里的法律手段是指生态文明建设的管理者依据相关的法律法规，对那些不利于生态环境保护的行为进行约束，以推进生态文明建设。生态文明建设的正常进行，离不开法律法规的保障。在全面建设小康社会的过程中，随着市场经济的不断发展和法治化进程的加快，保护环境的法律法规将会发挥越来越重要的作用。利用法律手段来管理生态文明建设，有利于减少污染、保护自然资源和维护生态平衡，从制度上保证经济手段和行政手段的正常实施。立法部门应建立健全涉及环境保护的法律法规，加强法律的可操作性，在生态文明建设中真正做到有法可依，有法必依，执法必严，违法必究，并加大对破坏生态文明行为的惩罚力度，提高法律的震慑力。

（3）管理过程的生态化。

生态治理是为了协调人与自然的关系，实现经济发展和环境保护的"双赢"，而实施的维持生态平衡的管理过程。在生态文明建设过程中，既要关心生态治理与环境保护之间的关系，又要注意生态治理与经济发展之间的关系。生态治理与环境保护是两个不同层次的概念，环境保护是生态治理概念中的重要内容。除保护环境之外，生态治理还有丰富的内涵。生态治理不是简单地保护环境，而是要在妥善解决人与自然之间对抗性关系的基础上，实现人与自然的和谐相处，它贯穿于人类社会的全过程，以促进人类社会的可持续发展为最终目标。人类要发展就要开发利用自然，人们对自然的开发利用必然会影响自然环境，甚至会改变自然界中一些事物的存在方式。生态治理没有简单地排斥或否定人们的实践活动，而是要求人们在开发利用自然的过程中，按照自然规律的要求办事，把对自然的负面影响降到最低，并对自然环境进行修复。换句话说，生态治理坚持一手抓经济发展，一手抓环境保护，在发展中保护环境，用优良的环境促进发展。

伴随着人们对人与自然关系认识的深化，以及对工业化导致的生态问题的反思，生态治理的影响逐渐加大。由于西方国家奉行的是"先污染，后治理"的发展模式，在实现工业化的过程中置生态环境于不顾，在经济发展之后再回过头来治理污染，这样做虽然是"亡羊补牢，犹未为晚"，但是对于自然生态环境而言，许多破坏一旦发生就不可挽回了，如珍稀物种的灭亡。保护环境、治理污染是刻不容缓的事情，如果不采取切实有效的措施加以遏制和改变，就会威胁到当代人的生活和健康，损害子孙后代赖以生存的根基。随着公民社会的发展，公民意识的觉醒，我们不但要充分发挥政府的主导作用，而且要积极引导企业、个人等多种行为主体参与到生态文明建设中来。无论是生态治疗还是生态预防，无论是局部治理还是综合治理，无论是政府管制还是多元治理，生态治理范式的转变势在必行。同时，适应当今时代的全球化特征，国与国之间、区域与区域之间相互依存，相互影响，特别是在环境问题上更是如此。我们既要加强国际交流与合作，又要加强国内各区域之间的协调，积极建立相互协调的联动机制，实施综合治理，真正实现人与自然关系的和解。

（二）合理调整、优化产业结构

要促进生态文明建设的健康发展，就必须优化产业结构，促进产业结构的不断升级。产业结构升级包括两个方面：一是由于各产业技术进步速度不同而导致的各产业增长速度的较大差异，从而引起一国产业结构发生变化；二是在一国不同的发展阶段需要由不同的主导产业来推动国家的发展，伴随着经济发展的主导产业更替直接影响到一国的生产和消费的方方面面，在根本上对一国产业结构造成了巨大冲击。① 依据政府的宏观调控政策，优化生产要素在各个产业构成中的比例关系，合理地配置资源，不断提高产业的生产效率。优化产业结构，完善政府的相关政策和市场机制的正常运行，保证生产过程的生态化转向，也只有这样，才能实现经济和生态效益的"双赢"。

1. 工业的生态化转变

（1）从传统工业向生态工业转变。

生态工业模式是指以站在生态发展的基础之上，利用实践中得出的理论依据来充分协调各工业生产组成部分或工艺流程，从而达到各组织环节有序生产，工业生产与自然环境和谐共存的一种新型工业生产模式，生态工业模式的出现解决了资源利用、环境污染、废弃物的安排和使用等多方面存在的问题，生态工业模式的出现是建立在科技水平不断提高、信息技术不断发展的基础上的一种科学的工业管理模式，该模式不仅改变了传统的工厂作业模式，提高了工厂生产效率和产能，同时还对环境以及生态资源起到了保护的作用，并且在一定程度上促进了工业与自然环境的和谐发展，可以说现代工业的发展与提升取决于生态工业模式的运行。传统工业是线性生产模式，末端控制和废弃物丢弃是其中的两个弊端，它不但在生产过程中浪费大量资源，而且在污染治理上也花费了大量的人力、物力、财力。传统工业是线

---

① 干春晖．中国产业结构变迁对经济增长和波动的影响［J］．经济研究，2011（5）．

性的开环模式，生态工业是循环的闭环系统，两种模式一开一闭，用简单的图示表示就是：原材料—生产—产品消费—废弃物—丢入环境（传统工业）；原材料—生产—产品消费—废弃物—二次原料（生态工业）。生态化发展理念，体现出人与自然之间新的物质变换关系，它既能够保护环境，又能够不断促进工业生产的发展，是人与自然之间的最优模式。传统工业模式和生态化的工业模式的不同主要体现在以下三个方面：

第一，二者所追求的目标不同。受西方工业社会主流思想的影响，传统工业把产品的生产和销售当作获取利润的唯一手段，而忽视由产品的功能和服务所带来的不良影响，特别是在生态效益方面，是典型的"产品经济"。而生态工业则强调产品的服务功能，而不是购买产品行为本身，企业不但要重视产品的交换价值，而且要重视产品的使用价值，追求经济效益和生态效益的统一，是功能经济。

第二，二者的系统构成不同。传统工业系统主要包括采掘工业和加工工业两大部门，而生态工业系统则涉及资源的初级生产、资源的深加工以及资源的还原生产三大部门。资源的初级生产与植物在自然生态系统中的作用一样，相当于初级生产者，它在新旧资源逐步代替过程中的主要任务就是不断地开发和利用新资源，为工业生产提供各种能源和原材料。资源的深加工部门与食草动物、食肉动物和顶级食肉动物在自然生态系统中的作用一样，相当于自然生态系统的消费者，这个生产过程追求无浪费、无污染，对各种能源和原材料进一步加工，生产出人们所需的工业品。资源的还原生产部门与食腐动物、腐解生物在自然生态系统中的作用一样，相当于自然生态系统的还原者，它主要是把消费过程中产生的各种废弃物再次利用，成为生产过程中的新资源，并进行无害化处理。

第三，两者在业态形式以及产业布局方面存在着差异。显著的科学专业化以及地区性等是传统工业生产及发展的特点，由于其本身的特点导致了传统的工业生产产品单一、生产方式封闭的现状。这种传统的工业模式在生产方式上存在着重复作业、独立运行等特点，这种运行模式直接导致了工厂与工厂之间产品的重复，在生产模式上的缺乏创新直接影响了环境的污染以及资源的浪费，这在一定程度上不利于生态环境的有利发展。所以针对以上问题，我们提出了生态工业的运作模式，新的工业生产模式相较于传统的工业模式在技术上更加具有开放性和独创性，在环境治理和资源整合上更加有利于生态环境的健康发展，符合自然发展的一般规律，新的工业生产模式下我们提倡对资源的合理开发和重复利用，同时根据事物的一般发展规律，生态工业模式有助于使不同产业链之间进行资源整合，使不同的生产技艺相互融合和互补，以便于更好地实现模式创新，可以说生态工业模式的形成很大程度上做到了资源的合理利用，既保证了工业发展的需要，同时又对生态环境加以保护，真正做到了可持续发展的工业生产。

（2）改善工业结构，调整工业布局。

改善工业结构，调整工业布局，要求我们在新型工业化进程中大力推进生态农业、生态工业和循环经济的发展，推动发展模式由环境污染型向环境保护和友好的方向转变，逐步改变生态产业在国民经济中较弱的态势，大力发展生态经济，使其逐步占据主导性地位。在农村，要加强农村经济结构的调整力度，放眼发展农林牧副渔等效益农业，从国内外市场的需求出发，开发适销对路的农副产品，提高农产品的附加值，充分利用森林、土地、水源等自然资源，使绿色食品和有机食品体系朝着结构优化、布局合理、标准完善、管理规范的方向发展。要积极推行清洁生产，增加清洁能源的比重，在工业生产中实现上、中、下游物质与能量的循环利用，减少污染物的排放。传统工业模式的发展不同程度地依赖于自然资源的投入，同时对人类的生存环境也造成了不同程度的影响，中国如果只发展资源密集型产业，生产初级产品，必然会大量消耗国内的资源，引起生态环境的退化和环境污染，不仅使我国丧失在国际市场上的竞争力，也影响我国的可持续发展能力。我国的高新技术产业增加值的比重只占 12.6%，远低于世界发达国家的 30% 的水平。要大力发展技术含量高，资源消耗少，污染程度低的基础产业和新兴产业，开发自己的优势产品，形成自身的品牌效应，力争建成一批既符合自然生态规律，又能有效提高经济效益的新兴产业群。我们本着"有所为，有所不为"的原则，把重点放在潜力较大的高新技术领域，如新能源、新材料、基因工程、现代生物技术、通信、激光等，加快培养一批高技术人才队伍。我们应该大力发展环保产业，根据经济合作与发展组织（OECD）的界定，环保产业的定义包括：在污染控制、污染治理及废弃物处理方面提供设备和服务的产业；在测量、防治、克服环境破坏方面生产提供有关产品和服务的企业，包括能够使污染排放和原材料消耗最小量化的洁净技术和产业。环保产业作为产业体系的一部分，它自身的发展不仅可以吸收就业，促进国民经济的发展，而且能够为产业结构的高度化和现代化提供保证。我们要因地制宜、因时制宜、因事制宜，推广风力发电、太阳能利用、节电节水工艺，降低资源消耗，并逐步提高第三产业在国民经济中的比重，实现产业结构由"第二产业—第三产业—第一产业"即"二三一"的顺序向"第三产业—第二产业—第一产业"即"三二一"的顺序的转变。

（3）走新型的工业化发展道路。

第一，推行清洁生产。

绿色产品是清洁生产的产物，从狭义的角度分析，所谓的清洁生产是指对不包含任何化学添加剂的纯天然食品的生产，或者是对天然植物制成品的生产。此种意义上的产品是人们意念中最理想的产品，也是清洁生产的生产目标。从广义的角度分析，清洁生产是指在生产、消费及处理过程中，要符合环境保护标准，不对环境产生危害或危害较小，有利于资源回收再利用的产品生产。绿色产品的生产离不开清洁生产方式的支持，而要实现发展方式的转变，就要突破传统观念，投入更多的资金和改造落后的技术。在清洁生产中，还要实施全面的绿色质量管理体系。绿色管理体系的基本内容即 5R 原则：研究（Research），重视对企业环境政策的研究；减消（Reduce），减少有害废物的排放；循环（Recycle），对废弃物的回收再利用；再开发（Rediscover），变普通的商品为绿色的商品；保护（Reserve），加强环境保护教育，树立绿色企业的良好形象。这样，通过对工业生产全过程的控制，通过工艺设备、原材料、生产组织、产品质量的科学管理实施企业的绿色生产、清洁生产。清洁生产的推广、资源能源的节约以及工艺水平的不断提高，可以从源头上治理污染，使对生产过程的控制与清洁生产本身有机结合起来，尽可能把影响环境的污染物消灭在生产过程之中。在生产的工艺技术和管理中，综合考虑经济效益和环境保护，力争用最少的资源产出最大的经济效益。

第二，废物再生技术。发展环保科技，就要着重关注资源的再生利用，这是当前最迫切的任务。美国西北太平洋国家实验室的科学家发明了一种新方法，利用植物或废物制造出一种有用的化学品，包括燃料、溶剂、塑胶等，科学家的发明得到了美国总统绿色化学挑战奖。科学家是利用造纸的废物而制造出了一种名叫"乙酰丙酸"的化学品，这种新方法的成本是目前通行的生产方法的1/10。然后，通过对乙酰丙酸的加工，制造出更加环保的汽车燃料等各种化学用品。科学家利用乙酰丙酸与氢的混合，经过化学反应制造燃料，这种方法可以帮助处理生产纸张产生的废物。另外，美国的爱达荷工程及环境国家实验室的科学家通过对生产薯条后植物油的研究，制造出了"生物柴油"，这是一种燃烧更加充分、废气产生更少的柴油燃料，比普通的含有毒化学品的柴油更容易分解，减少了致癌物质的产生。美国堪萨斯州大学的苏比博士成功地从天然气中制造出了燃料，使燃料更加环保，产生的氧化氮减少10%，微粒状的废气则减少69%。[1] 对废物进行回收和再利用，既有利于环境保护，又可以从中获取巨大的经济效益。对于我们建设资源节约型、环境友好型社会大有裨益，是实现小康社会的有效手段。例如，我们可以从 1t 废纸中生产出 800kg 的好纸，这样就可以少砍 17 棵大树，节省 $3m^3$ 的垃圾场，还可以节约50% 以上的造纸能源，减少 1/3 的水污染，每张纸至少可以回收两次。充分运用现代科学技术找到解决生态危机的方法，建立起人与自然协调发展的新模式，这是划时代的科技进步，能够实现经济发展与生态环境保护的"双赢"。[2] 绿色科技拥有改善生态环境的巨大潜力，这种改善功能为解决人类所面临的生态问题提供了可能。

---

①　董险峰. 持续生态与环境［M］. 北京：中国环境科学出版社，2006：184.

②　马欣. 基于生态文明构建社会主义和谐社会的途径［J］. 中共云南省委党校学报，2008（4）.

第三，燃煤大气汞排放控制技术。我国绝大部分的能源是通过燃煤获得的，而在煤炭燃烧过程中往往会释放出大量的汞，所以，大气汞污染中很大一部分是由于燃煤引起的，这就要求我国应该尽快开展这方面的研究，并制定出相应的政策和标准，尽可能地减少大气汞的排放。

2. 农业的生态化转变

（1）可持续农业理论的提出。

可持续农业理论是美国加利福尼亚州在《可持续农业教育法》（1985 年）中提出来的，旨在重新思考并选择农业的发展道路，以妥善解决人类面临的共同的生态资源环境以及食物等重大问题。世界环境与发展委员会在 1987 年提出了 "2000 年转向持续农业的全球政策"；联合国粮农组织在 1988 年制定了 "持续农业生产对国际农业研究的要求" 的文件；联合国的粮农组织在 1991 年发表了 "持续农业和农村发展" 的丹波斯宣言和行动纲领。20 世纪 90 年代，人们普遍接受了可持续农业与农村发展（sustainable agriculture and rural development）这一更加完整的概念。"管理和保护自然资源基础，并调整技术和机构改革的方向，以便确保获得和持续满足目前几代人和今后世世代代的需要。因此是一种能够保护和维护土地、水和动植物资源，不会造成环境退化，同时技术上适当可行，经济上有活力，能够被社会广泛接受的农业。"[①]

生态农业（ecological agriculture）这个概念最早是由美国土壤学家威廉姆于 1970 年提出的，是在农业生态原理和系统工程的指导下，进行农业生产的模式。生态农业是一种新型的农业发展模式，可以有效地缓解资源短缺的问题。在 1981 年，美国农学家 M. Worthington 把生态农业定义为 "生态上能够自我维持，低投入，经济上有生命力，在环境、伦理和审美方面可接受的小型农业"。欧盟认为生态农业是通过使用有机肥料和适当的耕作和养殖措施，以达到提高土壤长效肥力的系数，可以使用有限的矿物质，但不允许使用化学肥料、农药、

---

① 董险峰. 持续生态与环境 [M]. 中国环境科学出版社，2006：68.

除草剂、基因工程技术的农业生产体系。①

在 1981 年，我国提出了生态农业这一概念，它与西方国家生态农业概念有明显不同。国外高强度通过建立符合生态原则的农业生态系统，通过资源能源的优化配置，清洁生产，健康消费，注重土地的休整和土壤的改良，以提高农业经济的恢复力。而我国则强调人与自然的和谐发展，形成良性循环的互动机制，实现产、加、销一体化，牧、渔、林等各行业的整体协调发展。② 中国国家环保总局有机食品发展中心（OFDC）对生态农业的理解是：遵照有机农业的生产标准，在生产中不采用基因工程获得的生物及其产物，不使用化学合成的农药、化肥、生长调节剂、饲料添加剂等物质，遵循自然规律和生态学原理，协调种植业和养殖业的平衡，采用一系列可持续发展的农业技术，维持持续稳定的农业生产过程。③ 生态农业的宗旨和发展理念是：在洁净的土地上，用洁净的生产方式生产洁净的食品，以提高人们的健康水平，协调经济发展和环境之间、资源利用和保护之间的生产关系，形成生态和经济的良性循环，实现农业的可持续发展。这种生态农业兼有了传统农业中资源的保护和可持续利用及"机械农业"中的高产高效的双重特点，又摒弃了传统农业中单一的低下的生产方式和"石油农业"中的资源消耗大的特点，是一种既能有效地避免环境退化，又能够促进经济发展的现代农业发展之路，是未来农业经济的发展方向。④

（2）从自然农法到生物控制。

日本著名哲学家福冈正信依据中国道家的自然无为哲学，在否定科学农法的同时，提出了自然农法的构想，他在几十年的农业实践中，使这一伟大构想获得了意想不到的成功，亩产量竟然达到了 400 公斤乃至 500 公斤以上。科学农法带来了文明和进步，但是它也有不可避免的缺陷和弊端。福冈正信认为，近代的科学农法是一种浪费型农法。

---

① 高振宁．发展中的有机食品和有机农业［J］．环境保护，2002（5）.
② 曹俊杰．中外现代生态农业发展比较研究［J］．生态经济，2006（9）.
③ 姬振海．生态文明论［M］．北京：人民出版社，2007：269.
④ 姬振海．生态文明论［M］．北京：人民出版社，2007：274－275.

现代农业的高产主要靠大量的化肥农药以及频繁的机械作业，但是这些并不是积极的增产措施，而只是一种消极的预防减产的方法。化肥农药的大量使用破坏了食物的质量，人类企图依靠科学力量，特别是化学的力量来制造食品，其前途是非常可怕的。从客观上看，科学农法破坏了自然界的生态平衡，给人类的生存环境带来了极大的危害，福冈正信根据老子的"周行而不殆"的思想，认为地球是一个动植物、微生物共同构成的统一体，它们之间既有食物链，也有物质循环，处于反复不断的运动中，作为统一整体的自然界，是不允许人们按照自己的主观臆断任意分割、解释和改造的。一旦人插手于自然，会对大自然的生物链条造成严重破坏。① 自然农法的基本内涵包括不耕地、不施肥、不除草、不用农药等几个方面，它是以中国道家哲学作为其世界观依据的。在自然观上，老子认为"道"的运动是循环不息的，"周行而不殆"是他的循环思想的经典表述。福冈正信认为，大自然是一个无限循环的整体、有机的生物圈，生物之间是共存共荣的关系和弱肉强食的关系。而从群体性和超时空的角度看，它们都是按照固有的原则轨道反复循环。动物靠植物生存，动物的粪便及尸体还原于大地，成为小动物和微生物的食物；生活在土壤中的微生物死后被植物的根吸收转变为植物的养分。大自然的无限表现在其连锁关系的生物圈中，保持着均衡和正常秩序。福冈正信认为，自然农法就是从自然是一个整体这一基本观点出发的。如果人类以自己独具的智慧和行为（化肥农药机械）打乱自然的这种正常秩序，势必造成大自然循环的混乱，给人类带来生存灾难。"道"的本体及派生的万事万物是自然而然的，非人为而如是的。卡逊在《寂静的春天》一书中，就化学杀虫剂的危害进行了详尽的描述。卡逊指出，"使用药品的这个过程看来好像是一个没有尽头的螺旋形的上升运动。自从 DDT 可以被公众应用以来，随着更多的有毒物质的不断发明，一种不断升级的过程就开始了。这种由于根据达尔文适者生存原理这一伟大发现，昆虫可以向高级进化从而获得对某种杀虫剂的抗药性，此后，人们不得不再发

---

① 胡晓兵. 从自然农法看循环农业技术的哲学基础 [J]. 自然辩证法研究，2006（9）.

明一种新的更毒的药。这种情况的发生同样也是由于后面所描述的这一原因，害虫常常进行报复，或者再度复活，经过喷洒药粉后，数目反而比以前更多。这样，化学药品之战永远也不会取胜，而所有的生命在这场强大的交叉火力中都被射中"①。杀虫剂直接威胁到了生物多样性的存在。当人类信誓旦旦地宣告要征服大自然时，也就开始了一部令人痛心的破坏大自然的记录，这种破坏不仅直接危害到人们所赖以生存的自然界，而且也危害了与人类共同生存于自然中的其他生命。由于不加区别地向大地喷洒大量的化学杀虫剂，致使鸟类、哺乳动物、鱼类，甚至是各种各样的野生动植物都成了直接受害者。这个问题即是，任何文明是否能够对生命发动一场无情的战争而不毁掉自己，同时也不失却文明的应有的尊严。② 因此，人类应该慎重使用杀虫剂，而应利用生物来进行控制。"所有这些办法都有一个共同之处：他们都是生物学的解决办法。这些办法对昆虫进行控制是基于对活的有机体及其所依赖的整个生命世界结构的理解。在生物学广袤的领域中各种代表性的专家都正在将他们的知识和他们的创造性灵感贡献给一个新兴科学——生物控制。"③

（3）从传统农业向生态农业转变。

从国民经济的产业结构分析，在发展生态农业过程中要注意以下几个方面：第一，大力发展农业经济一体化。国民经济的产业结构体系是一个大系统，系统中各组成部分相互联系，相互作用。农业不可能孤立地发展，它需要和工业、服务业、信息业相联系，离开了这些方面的支持，农业生产就无法正常进行。因此，农业一体化就是指在整个农业生产经营活动中，把产前、产中、产后等都纳入国民经济活动中。第二，促进农业的生态化发展。农业有大农业和小农业之分，大农业是指包括：种植业、林业、畜牧业、副业和渔业等在内的农业

---

① ［美］蕾切尔·卡逊. 寂静的春天［M］. 长春：吉林人民出版社，1997：6.

② 吴兴华. 文明与自然——论现代性境域中的生态危机［J］. 自然辩证法研究，2006（1）.

③ ［美］蕾切尔. 卡逊. 寂静的春天［M］. 长春：吉林人民出版社，1997：245.

生产体系。发展生态农业,调整农业生产布局时,既要考虑到所处的地理位置和环境的影响,也要考虑到人们的饮食营养需要。

(4) 我国生态农业发展的基本模式。

从20世纪80年代开始,我国生态农业的实践就开始了。在30多年的反复实践中,虽然失误不断,但是我们也取得了一定的成绩。首批51个全国生态农业试点县在1993-1998年投入60多亿元,产生的直接经济效益高达137亿元,投入产出的比例是1:2.25。更为可喜的是,在试点地区中形成了平原农林牧复合、草地生态恢复和持续利用、生态畜牧业生产、生态渔业等发展模式,水土保持、土壤沙化治理及森林覆盖率都有很大提高。水土流失治理和土壤沙化治理分别达到73.4%和6.5%,森林覆盖率提高了3.7%。生态优势已经逐渐显现,并转化为经济优势。

生态农业的发展对于解决我国"三农"问题提供了有益启示,它不仅可以改善生态环境,而且可以促进农村经济的发展,增加农民收入,有利于农村的稳定和发展。截至目前,我国农村生态农业发展的基本模式包括以下四种:第一,立体生态种植模式。这是一种有利于提高资源利用率的种植模式,立体种植是指依据自然生态系统的基本原理,在半人工的情况下进行的生产种植。立体种植模式巧妙地利用了农业生态系统中的时空结构,进行合理的搭配,形成了种植和养殖业相互协调的生产格局,使各种生物之间能够互通有无、共生互利。这样,既合理地利用了空间资源,又对物质和能量实施了多层次的转化,促使物质不断循环再生,能量被充分合理地利用。立体种植模式的特点之一,就是"多层配置",即通过资源的利用率,土地的产出率,产品商品率来实现经济效益的最优化。第二,发展节水旱作农业。我国属于缺水国,人均淡水资源仅为世界人均量的1/4,位居世界第109位。中国是全世界人均水资源最缺的13个国家之一。① 第三,生产无公害农产品。无公害农业是20世纪90年代出现在我国的一个新提法。无公害农业的内涵主要体现在两个方面,一是在农业生产过程

---

① 孙敬水. 生态农业可持续发展的重要选择 [J]. 农业经济, 2002 (10).

中，不过量施用农药、化肥以及其他固体污染物，对土壤、水源和大气不产生污染；二是在没有受到污染的良好生态环境下，生产出农药、重金属、硝酸盐等有害物质残留量符合国家、行业有关强制性标准的农产品。^① 同时，生产加工过程不能对环境构成危害。无公害农业的核心是无公害农产品，这些产品是在洁净的环境中生产的，并且在生产过程和加工过程中禁止使用化学制品。第四，发展白色农业。当前只有坚持依靠科技手段以及生物科技来发展白色农业，才能从根本上解决现代农业发展面临的问题，白色农业以其优越的生产模式以及环保的生产理念，在农业生产中被广泛利用，其所倡导的无污染、节约资源的科学管理生产模式是现代农业生产升级转型的基础，这种农业生产模式在科学技术上依赖生物工程科技中的发酵工程以及酶工程，即白色农业有利于保护自然生态环境。由于白色农业多在洁净的工厂大规模进行，受自然界气候条件影响较小，所以可以节约大量的耕地，真正实现退耕还林、退田还湖。发展工业型白色农业既可以保障未来人们的食物安全，又可以保护生态环境，是农业持续发展的重要途径。

3. 服务业的生态化转变

（1）建立以环保产业为基础的绿色产业体系。

经过 30 多年的发展，特别是实施"十一五"规划以来，我国环保产业发展迅速，总体规模不断扩大。随着环保产业领域的拓展和整体水平的不断提升，我国的环保产业在防治污染、改善环境、保护资源、维持社会的可持续发展等方面，发挥着积极的作用。但从总体上看，我国的环保产业仍然存在许多问题，整体水平与核心竞争力偏低；关键设备及相关技术仍然落后于发达国家；环境服务的规模小、市场化缓慢，还在起步阶段徘徊；环保产业的发展跟不上环保工作的要求。第一，环保产业的发展离不开完善的政策体系的指导。建立健全环保方面的法律法规以及技术管理体系，有利于环保产业的健康发展。为此，我们就要加快制定我国环境方面污染治理技术政策、工程技术规范、环保产品技术标准等。通过相应的法律法规和政策制度的引导，

---

① 郭亚钢 . 发展无公害农业推进可持续发展［J］. 生态经济，2001（12）.

鼓励那些技术先进、效益较好、高效环保的技术装备或产品的发展；限制或淘汰那些相对落后的技术设备和产品工艺的发展。第二，环保产业的发展要求创新环境科技，提高技术水平。要大力推进技术创新体系的建设，充分发挥企业的主体作用、市场的导向作用。在国家的财政政策、金融政策等方面对环保技术的自主创新进行一定程度的倾斜，特别是要结合重大的环保项目，发展一批具有自主知识产权的环保技术。通过对环保技术的调整和优化，对于那些具有比较优势，国内市场需求量大的环保技术和产品加大扶持力度，并进一步巩固和提高；对于那些与国外先进水平差距较大，而在国内属于空白急需的环保技术和产品要特别关注、加快开发速度；对于有比较优势、有出口创汇能力的环保技术和产品要积极发展；对于那些性能落后、高耗低效、供过于求的工艺和产品要依法淘汰。第三，发展环保产业要求增加投资，建立多元化的产业投资体系。对于环保产业的发展，各级政府负有不可推卸的责任。政府应该在投资数额、投资渠道上加大力度，建立健全与市场机制相适应的投融资机制，调动起全社会投资环保产业的积极性。第四，环保产业的发展要求实现环境服务业的市场化和产业化进程。要大力推进污染治理设施运营业的发展，建立健全污染治理设施运营的监督管理，实现环境治理设施运营的企业化、市场化、社会化。在环保产业服务领域要杜绝垄断经营现象的存在，引入市场竞争机制，放宽市场准入条件，鼓励环保服务企业之间的优化组合、优胜劣汰。要建立健全环保产业服务体系，包括项目建设、资金流动、咨询服务、人才培训等方面，为环保产业发展提供综合性、高质量、全方位的服务，逐步提高服务业在环保产业中的比重。

（2）调整优化服务结构，加快生态服务业发展。

生态文明建设的正常进行，离不开生态服务业的健康发展。第一，旅游业。发展生态旅游业，就要从生态景观、生态文化和民族风情三大主题入手，在旅游线路、景区的规划上做足文章，以优化配置旅游资源。鼓励"生态旅游城市"的创建活动，加大对生态旅游产品的开发，使生态旅游产业形成一定规模，成为生态服务业中的"重头戏"。生态旅游业有三个方面的作用："经济方面是刺激经济活力、减少贫困；社会方面是为最弱势人群创造就业岗位；环境方面是为保护自然和文化资源提供必要的财力。生态旅游业以旅游促进生态保护，以生态保护促进旅游，它是一项科技含量很高的绿色产业。故首先要科学论证，否则将造成不可逆转的干扰和破坏；其次，要规划内容，使生态旅游成为人们学习大自然、热爱大自然、保护大自然的大学校。"①第二，商贸流通业。发展商贸流通业就是要在主要产品集散地，形成大宗生态商品的批发贸易，加强生态产品市场的建设，扩大其经营规模；可以采用连锁直销、物流联运、网上销售等方式，提高生态商贸流通的质量和效益。第三，现代服务业。要不断完善涉及生态产品市场的运作与经营，培育和发展生态资本市场，扩大金融保险业的业务领域，促进现代服务业的完善。积极发展地方性金融业，推进证券、信托等非银行金融机构的建设；加快发展会计、审计、法律等中介服务，提高生态服务业的整体水平。在社区，生态服务业要重点放在以居民住宅为主的生态化的物业管理上，引导文化、娱乐、培训、体育、保健等产业发展，使社区的服务业自成体系，形成各种生态经营方式并存、服务门类齐全、方便人民生活的高质量、高效益的社区服务体系。发展生态经济虽然自然界本身具有自力更生的能力，但是受自然界自身规律的制约，在一定条件下自然界的资源储量和自净化能力是有限的，所以人类在生产劳动中要注意节约和综合利用自然资源，促进生态化产业体系的形成，使生态产业在经济增长中的比重不断上升。生态经济其实就是生态加经济的代名词，它是指经济发展与生态保护之间的平衡状态，是经济、社会、生态三者之间效益的有机统一。生态经济强调以人为本，也就是以人的幸福生存、健康发展作为一切经济行为背后的基本动因。当前，生态经济发展的重点除了前面已经论述过的调整经济结构的相关内容外，还涉及开发新能源、发展循环经济、发展生态信息业等方面的内容。

4. 开发、利用新能源

联合国开发计划署把新能源大体分为大中型水电、新可再生能源

① 黄顺基.“生态文明与和谐社会建设”笔谈［J］.河南大学学报，2008（6）.

和传统生物质能三个大类。① 从目前世界各国生态资源环境的状况分析，大规模地开发利用新能源是未来各国能源战略的重点。因为化石能源是不可再生的，所以世界各国在使用传统能源发展经济的同时，也在积极开发新能源，一些西方国家在经历了金融危机之后，其发展理念中的绿色内涵变得更加丰富，争相实施绿色新政，一边是恢复危机带来的创伤，一边是在"后危机时代"中谋求更好的出路。但是，作为最大的发展中国家的中国，其状况却不容乐观，我国新能源的发展面临着许多问题和挑战。

（1）目前新能源的主要种类。

1）太阳能。在中国乃至全球范围内，利用清洁能源发电的趋势只会越来越明显。火电的占比只会呈一个逐步下降的趋势。至于每年的下降幅度，很大程度上取决于新能源发电的增长速度，尤其是近两年来增势迅猛的太阳能发电。以中国为例，在 2015 至 2016 年期间，新增火力发电设备占总新增发电设备的比例由 49.33% 下降至 40.10%，下降了大约 10 个百分点。新增太阳能发电的占比则从 2015 年的 9.88% 上升到 28.68%，一年之内上升了将近 20 个百分点。前三季度光伏发电市场规模快速扩大，新增光伏发电装机 4300 万千瓦，其中，光伏电站 2770 万千瓦，同比增加 3%；分布式光伏 1530 万千瓦，同比增长 4 倍。截至 9 月底，全国光伏发电装机达到 1.20 亿千瓦，其中，光伏电站 9480 万千瓦，分布式光伏 2562 万千瓦。太阳能在新增发电设备这一方面的表现已成功赶超火力发电，升至 45.3%，稳居 5 大能源新增发电设备的第一。

2）风能。风力发电产业未来将成为最具商业化发展前景的新兴能源。② 我国可开发的风能总量有 7 亿 ~12 亿 kw。在 2020 年之后，我国风电可能超过核电成为第三大主力发电电源，在 2050 年可能超过水电，成为第二大主力发电电源。目前，在全球范围内风力发电都呈现出规模化发展的态势，包括欧美等发达国家和地区。在 2006 年，风力

---

① 崔民选. 中国能源发展报告（2008）［M］. 北京：社会科学文献出版社，2008：257－259.

② 同上书，第 250 页.

发电为欧盟提供了 3.5% 的电力，其中西班牙超过 6%、德国超过 7%、丹麦超过 20% 的电力供应来自风电。这表明，风力发电已经开始从能源配角慢慢转变为能源主角，成为世界上公认的最强的可再生能源技术之一，具有浓厚的商业性和竞争力。[①]

3）核能。核能发电随全球电力生产的增长而稳步增长。全世界运转中的核反应堆 435 座，有 29 座以上在建设中，这些核电站满足了全球 6.5% 的能源需求，每年要消耗近 7 万 t 浓缩铀。它们的年发电量约占全球发电总量的 16%。美国运转最多，为 103 座；法国为 59 座；日本为 55 座；俄罗斯为 31 座。现在核能发电站的扩建主要集中在亚洲，印度的核能比例小于 3%，但印度的计划却令人惊讶，预计到 2052 年印度的核能将达到电力供应的 26%。中国预计到 2020 年核能发电将占总电力的 4%。中国铀矿资源为 100 万～200 万 t，经济可采储量约为 65 万 t。一般认为，中国的铀资源对核电的发展是"近期有富裕，中期有保证，远期有潜力"。中国未来核电发展是投入问题、技术问题、环境问题。[②]

（2）我国新能源发展存在的问题。

目前，我国的能源结构仍然是以燃煤为主，约占 70%。二次能源以电力为主，其中火电占 80% 左右，能源安全方面表现为石油短缺问题，石油对外依存度达到 50% 左右。2012 年，中国煤炭消费世界第一，石油消费世界第一。不难看出，中国全面小康社会建设与传统能源供给之间的矛盾越来越大，如果不解决，势必影响到经济社会发展的全局。发展新能源就成为当仁不让的上上之选，但是目前我国的新能源产业面临的问题重重，如果不能正确认识，并采取有效措施加以解决，经济发展与资源能源之间的矛盾有可能会突破经济领域，而成为全社会的问题，影响到社会的稳定发展。

当前我国新能源领域存在的问题表现在：

---

① 刘江．"风电"疾速扩张国家目标提前两年完成［J］．中国经济周刊，2008（4）．

② 崔民选．中国能源发展报告（2008）［M］．北京：社会科学文献出版社，2008：268.

第一，有效的经济扶持和激励政策亟待建立。对各国来说，由于新能源仍属于新的经济发展对象，不可避免地会带来一些问题，比如，新能源的新兴市场问题，政府的经济扶持和相关激励政策的缺失等。就目前的发展现状来看，有些国家的新能源产业发展迅速，势头惊人，相关技术稳定，积累了丰富的经验，这都是值得我们借鉴和学习的地方。美国、德国、日本等国在光伏领域之所以走在世界前列，与其政府在价格激励、目标引导、税收优惠、财政补贴、出口鼓励、信贷扶持、科研和产业化促进等方面的综合作用是密不可分的。我们应该探索出一条适合中国国情的新能源发展道路，学习西方发达国家的一些有益做法，避免走太多的弯路。例如，在税收、补贴、低息贷款等方面，针对新能源产业美国政府制定了一系列优惠政策，这些政策对于新能源产业的健康发展起到了保障和激励作用。虽然我们在"十二五"经济发展规划当中提出了要大力发展太阳能、风能等新能源，也出台了一些相关法律法规和辅助政策，例如浙江、海南、黑龙江等地针对太阳能等产业出台了一系列政策①，但是由于目前我国许多自然资源的权属不清晰，经常会出现多部门互相掣肘的现象，为了小集团、小圈子利益而颁布的政策打架现象随时可见，缺少相互协调的政策体系，新能源产业扶持效果大打折扣。目前与新能源产业相关的社会保障与激励机制还处在起步阶段，一些行业规范要求模糊，对企业的监管疏松，导致市场竞争无序，产品质量不稳定；加上新能源的高新技术特点明显，消费者接受需要有一个渐进过程，这些都是新能源市场的重大障碍，而市场需求的巨大波动，又反过来影响到新能源产业的健康发展，这就陷入了恶性循环的发展困境。

第二，新能源研发成本偏高，市场化任重道远。与常规能源相比，目前新能源的发展还处于低级阶段。煤炭、石油与天然气一直是我国能源结构中的重要组成部分，我国新能源的消费比例明显不足。我国的光伏电池产量占据全球市场1/3的份额，却有近90%是销往国外的，在国内形成不了完整的产业链。[①] 在光伏太阳能发电方面，日本的每千瓦综合安装成本平均比中国高出40%以上，屋顶太阳能的安装成本在每千瓦5万元人民币以上。但从相对成本而言，日本的零售电价大约是每度电1.9元人民币，是中国的近4倍。[②] 失去成本优势，短期内也难以带来较好的经济效益，投资者把资金转移到其他领域就在所难免了。这种资金短缺、融资能力低下的状况势必影响到新能源的产品开发和规模化的产业经营。高昂的生产成本与不成熟的市场体系成为新能源健康发展难以逾越的障碍，也是我国新能源前景看好，却无法市场化和商用化的直接原因。

第三，新能源核心技术研发能力不足。在新能源核心技术研发方面，我们的水平偏低，具有明显的劣势。在我国新能源产业中有很大一部分是依赖廉价的劳动力成本，以加工制造为主，缺少自主性核心技术。我国对新能源核心技术并未完全掌握，关键部件仍然依赖进口。当前流行的先进的风电机组、生物质直燃发电锅炉、太阳能光电所需要的多硅材料等高技术、高附加值设备和材料，基本上依靠进口。技术性"瓶颈"的制约成为我国新能源产业发展步履维艰的根本原因。虽然新能源的环境污染较小，但由于缺少先进的提纯技术，生产过程难免会对环境造成一定的污染，而新能源产品在使用过程中同样也会带来再次污染。

（3）我国新能源发展策略。

第一，构建新能源产业持续发展的社会机制。

新能源产业的发展与其他产业的发展一样，都是一种自然的生态过程。这种自然生态过程一方面体现在社会需求的刺激上，另一方面体现在相应社会机制的引导和完善上，企业则通过市场需求和自身的价值判断来决定产品的生产。其中，社会在引导和完善方面的前提条件，就是要充分尊重市场机制或利益机制的作用。例如，在《京都议

---

① 陆静超."十二五"时期我国新能源产业发展对策探析 [J]. 理论探讨，2011（6）.

② 陈伟. 日本新能源产业发展及其与中国的比较 [J]. 中国人口·资源与环境，2010（6）.

定书》中关于碳交易机制的问题，欧盟在这一点上表现出的对新能源产业发展的支持就非常值得我们学习，碳交易机制反映的是企业如何利用碳定价的有利条件来探寻有效而经济的减排途径，它给予了企业发展以持续的动力。欧盟碳交易体系运行多年以来，取得了明显的成效。从宏观上看，欧盟各国的碳排放下降幅度较大，各企业的履约率高；在微观层面上，企业管理层对碳排放问题的认识也在不断深化。在鼓励和培育新能源产业发展过程中，之所以强调可持续发展社会机制的重要性，而不是强调简单的政府购买或补贴，一是在于社会机制犹如一个杠杆支点，可以通过支点的移动有效调节供给与需求之间的利益均衡；二是在于社会机制是一种透明、公平的机制，可以引导任何有创新欲望和能力的企业从事创新，而不是面向个别企业的创新。[①]社会机制的健全和完善可以发挥企业在应对复杂多变的市场和社会时的应变和生产能力，充分调动其主观能动性，这是保障新能源产业健康发展的必要条件。

第二，积极参与国际新能源领域的合作。

随着传统资源能源的不断减少，发展新能源已经成为世界各国未来能源发展的重点。在我们已经涉及的新能源中，风能、水能、太阳能、地热能、生物质能、核能等都是重要的发展领域，这些新能源的市场潜力巨大。我国新能源与发达国家相比我们新能源产业的发展滞后，同时也存在比较明显的缺陷，新能源领域的科技研发和应用水平相对落后，资源相对短缺。我国应积极参与国际合作，在合作中取长补短，拾遗补缺，获取我们需要的先进技术、经验和资源。[②]在参与新能源发展的国际合作中，我们一定要加强自身技术，提高自身的能力，避免再次走入西方发达国家的生态殖民主义陷阱，不能简单地以市场换技术或外汇，只要他们的产品和设备，却不能把核心技术掌握在自己手中，这样的话，我们将会成为他们的巨大市场和原料产地，失去

① 张玉臣．欧盟新能源产业政策的基本特征及启示［J］．科技进步与对策，2011（12）．

② 高静．美国新能源政策分析及我国的应对策略［J］．世界经济与政治论坛，2009（6）．

在新能源领域的发言权和主动权。

第三，加强新能源科研资金投入，以技术创新带动产业升级。

当前，我国在科研和技术创新能力方面滞后是制约新能源产业发展的重大障碍。新能源的开发和利用离不开尖端科技的支撑，因此，新能源产业发展初期的经济成本必然高出其所获的经济效益，这就是为什么我们预见到了新能源的发展前景，生产企业和市场却屡屡受挫的一个重要原因。短期之内，常规能源的经济成本仍然要远远低于新能源。但从长期来看，随着新能源技术的不断发展，其生产成本将会远远低于常规能源成本。因此，科学技术是第一生产力的论断仍然是新能源产业的指导思想，我们发展新能源产业，首先要提高自身的核心竞争力。当然，在新能源技术的研究、开发和利用上要选准方向和重点，由于在"十一五"期间新能源技术优先发展的是风能、太阳能、生物质能，应首先解决大型风力发电和生物质能液体燃料生产的关键技术，提高新能源的技术装备水平和工艺水平，降低生产成本，为新能源的商业化和产业化奠定技术基础。生态环境为产业发展提供良好的社会环境，特别是在技术研发方面，要发挥企业、市场、政府的各自优势，整合各种资源，以技术创新带动产业升级，形成产学研一体化的科技创新机制，加快新能源时代的到来。

5. 坚持发展循环经济

马克思在《资本论》中论述循环经济思想时指出，由于资本主义生产方式的存在，工业废弃物和人类排泄物的数量不断增多，"对生产排泄物和消费排泄物的利用，随着资本主义生产方式的发展而扩大"[①]，"这种废料，只有作为共同生产的废料，因而只有作为大规模生产的废料，才对生产过程有这样重要的意义，才仍然是交换价值的承担者。"[②] 马克思指出，废料的减少部分取决于所使用的机器的质量，部分取决于原料在成为生产资料之前的发展程度。但无论是从交换价值和使用价值角度考虑，还是从可变资本和不变资本角度考虑，在经济发展过程中实现对废弃物的循环利用将成为必然。

----

① 马克思恩格斯文集（第七卷）［M］. 北京：人民出版社，2009：115.
② 马克思恩格斯文集（第七卷）［M］. 北京：人民出版社，2009：94.

（1）循环经济的内涵与特征。

循环经济（Circular Economy）的产生是在传统生产模式上对生产线以及生产方法进行改良和改进，旨在于把物质或者资源进行重复利用、循环利用的一种低碳环保的经济模式，它的产生改变了传统的生产方式，这种生态经济从本质上拒绝了环境污染以及资源的浪费，是社会发展的进步。循环经济中的清洁生产旨在消灭人类生产生活中对环境的污染，主要体现在常规生产中所涉及的原材料都是健康清洁而没有污染的。循环经济发展的目标是对资源的合理和重复利用，从本质上杜绝对环境的污染，从而达到高效、清洁的作业生产模式，目前对于循环经济的理解多种多样，但是大部分都是关于如何提高产能、降低排放，减少资源使用等，但是不管形式如何，其本质都是最大限度地回收再利用资源，避免资源的浪费以及环境的污染，对于建立生态文明建设都有着积极的促进作用。

其基本特征表现在以下三个方面：

第一，遵循生态学发展规律，在自然界生态系统所能容纳的限度内实施经济行为，使整个经济系统具有明显的生态化倾向，使生产、分配、交换、消费等过程基本不产生或只产生少量废弃物，从而消解经济发展与环境保护的双重悖论问题。现在许多国家都非常重视循环经济的发展，德国的循环经济起源于"垃圾"，日本的"循环型社会"起源于"公害"，这些都是他们在解决生态资源问题过程中摸索出的经济社会发展模式。当前，发展循环经济是突破我国经济发展的资源"瓶颈"制约的根本出路，它可以将经济社会活动对自然资源的需求和生态环境的影响降到最低。大力发展循环经济，走科技含量高、经济效益好、资源消耗低、环境污染少、人力资源优势得到充分发挥的新型工业化道路，是从本质上坚持可持续发展，不断提高人民群众生活水平和生活质量的有效手段。[①]

第二，循环经济实质上就是建立一种新的有利于人类可持续发展的生存方式，包括生产方式和生活方式。这种新的生存方式更加关注

---

① 薛晓源. 生态文明研究前沿报告 [M]. 上海：华东师范大学出版社，2007：42.

人以及人的发展，它与以"物"为中心的传统生存方式有着明显不同。离开了人类主体，片面强调生产发展或环境保护的做法都是没有实际意义的，其本质上还是以物为本，而不是以人为本。发展循环经济的目的不是为单纯追求经济的增长，也不是为单纯保护自然，而恰恰相反，无论是发展循环经济也好，还是保护自然也好，其最终的目的都是为了人类可以获得更好更久的生存发展。"和谐社会""新农村建设""新型城镇化建设""低碳发展、绿色发展、循环发展""绿色GDP"和"以人为本"都是为实现这一目标而采取的措施，是表象而不是事物的本质所在。所以，发展循环经济的实质就是为了实现人类生存方式的自我超越和创新。

第三，循环经济的层次有大中小之分。循环经济就是在大循环、中循环、小循环的基础上，依托企业、工业园区和城市区域，通过立法、行政、司法，教育、科技、文化建设，宏观、中观、微观调控相结合，在全社会范围内实现人、自然、经济、社会的可持续发展。

（2）树立回收再利用思想。

发展循环经济，要树立回收再利用的思想。在近代以前，人们生产生活的废弃物基本上没有干扰到自然界的物质循环过程。但在近代以来，由于科学技术水平的提高，大量原来自然界中不存在的东西被制造出来并消费，这类废弃物很难被自然本身所净化，并且对人极为有害，给自然界的物质循环系统带来了极大压力，产生了严重的生态危机。长期以来，在处理人与自然的关系中极端人类中心主义占据了上风，但是以人类为中心并不意味着人可以支配、战胜自然。恩格斯曾经对人类过度开垦自然，妄图支配和战胜自然的做法给予了深刻讽刺，指出人类对自然的胜利最终将以人类的失败而结束。所以，人类的任务应该是调节或适应人与自然的物质代谢的存在方式，而不是去占有或支配。一个大量生产的社会，必然同时是大量消费和大量废弃的社会。废弃物并非完全没有利用的价值，很多废弃物是可以作为二次原料进入生产领域的。如果大量废弃物不能回收利用，那就真的是废弃物了，不但浪费资源和劳动价值，而且严重污染环境。当然，资本主义并非一点不关心废弃物，一方面从追求利润的资本的逻辑出发，当再利用废弃物可以取得很好的经济效率时，他们会回收再利用。资本这样做的原因不是其使用价值，而是其经济效率。另一方面当废弃物增加时，作为垃圾，从公共卫生的观点看，它要求全社会的共同努力，拿出办法去解决。①

我们必须对大量生产、大量消费、大量放弃的生存方式本身进行反思，无论是废弃物的产生还是再利用，只要人们的生产方式、生活方式不变，对废弃物的循环再利用恐怕是纸上谈兵的多。党的十八届三中全会报告在谈到建立完善生态文明制度时指出，干部考核不应只重视只关注经济 GDP 的增长，这只是考核标准之一，还应对两极分化、贫富差距、道德滑坡、环境恶化、资源浪费、社会稳定等方面进行综合性衡量。建设和谐社会，不仅仅要看经济的发展水平，还要看政治是否民主、生态是否文明、思想是否道德、社会关系是否和谐等。建设生态文明，就目前来说关键一点是要改变组织部门干部的政绩考核升迁标准，树立起领导干部的循环经济意识。

（3）建立相应的激励机制。

随着改革开放的深入发展，我们发现，中国经济在高速增长的同时，也带来了严重的资源环境问题，而受到影响和破坏的资源环境问题又反过来制约经济社会的进一步发展，可以毫不夸张地说，中国的经济社会发展已经走入了资源环境的"卡夫丁峡谷"。要走出这种困境，中国必须谋求经济发展方式的转变，大力发展循环经济就是其中的重要内容。党的十七大报告在阐述生态文明时，提出要建设好"两型社会"的思想。党的十八大报告在阐述市场经济体制完善和经济发展方式转变时，提出要大力推动循环经济的发展。这就需要建立一个公平合理的激励机制，使政府、企业与个人，局部利益和整体利益，自身利益与他人利益有机结合起来，在平等互利、自觉自愿的基础上参与到促进循环经济发展的实践当中。促进循环经济发展的激励机制主要体现在价格、税收和财政补贴以及干部考核体系等相关内容的完善上。一是要使资源税走向规范化、合理化，加上财政补贴等手段的

① ［日］岩佐茂. 环境的思想：环境保护和马克思主义的结合处［M］. 北京：中央编译出版社，1997：171－172.

运用，尽可能地在生产活动、消费活动与循环经济发展之间建立起密切联系。我们可以从国外学习到许多先进经验。美国鼓励燃料电池车和乙醇动力车的研发和使用，对购买这些新能源车辆的消费者给予较大的减税优惠；日本鼓励民间企业从事废弃物再生资源设备、"3R"设备投资和工艺改进等，并给予财政税收方面的优惠措施。中国是世界煤炭消费大国、石油消费大国，在消费大量的煤炭石油等不可再生能源时，由于受生产模式与传统消费模式影响，产生了严重的资源浪费和环境污染问题。例如，焦炭行业属于高污染行业，环节多，强度高，但国家对焦炭征收的资源税在 8 元/吨左右，如此低廉的税费对于动辄几千元价格的焦炭而言，没有丝毫的影响力，更不用说依靠税费来抑制焦炭的疯狂生产和出口了。因此，形成科学、合理、规范的资源税收体系，特别是在煤炭、焦炭、稀有金属等资源方面，同时大力扶持新能源的研发和使用，并给予适当补贴，是发展循环经济的必由之路。二是对那些储量稀少和价格严重扭曲的资源进行适当调整，使商品价格与市场的有效需求相一致，利用价格杠杆来抑制资源生产和消费上的非市场行为。例如，由于中国电价存在严重的管制现象，导致了电价与生产成本之间严重偏离，资源的稀缺性、供求关系对电价的形成不起决定性的影响，其结果必然是，能够带来巨额经济效益的项目大量上马，哪怕是高耗能、高污染、浪费严重，甚至是劳民伤财、造成社会的不稳定也在所不惜。三是要实施绿色 GDP 干部考核指标体系。在干部考核中既要看经济发展情况，又要看生态环境状况，用绿色 GDP 代替以往唯 GDP 主义的不合理考核体系，也就是把发展循环经济、新能源、保护生态环境等内容纳入考核体系中去。在发展循环经济中还要去除地方保护主义、小集团主义等只顾小家不顾大家的做法，按照国家的总体要求，结合本地区资源环境的承载能力，调整产业结构，发展新能源，加速循环经济的发展。

（4）平衡各方面利益。

在循环经济的发展上，我们与发达国家相比基础条件比较差，许多核心技术和关键设备还需要进口，这就难免被动。因此，在循环经济发展的初期阶段，生产成本可能会相对较高，甚至入不敷出的情况也可能发生，这是转变发展方式，发展新兴产业必然要经历的阶段。在这种情况下，作为公共管理者的政府就要承担起自己的责任，利用有利的财政金融政策进行扶持，绝不能与民争利，也不能置之不理。当前，发展循环经济的重点是要确立科学、合理、公平的投融资体系和分配方式，利用财政、税收、金融方面的政策积极鼓励。要使循环经济真正能造福于民，就要在各级各类各部门之间平衡好利益关系，否则，再好的政策也可能半途而废或走向反面。^① 作为公共管理者的政府要以提供各种服务和平台为主，要学会放权让利，适时调整政策，尽可能地遵循市场经济规律办事，把决定权放给企业和市场，维护市场竞争的公平性。当然，在发展循环经济中，我国还缺乏诸如信息处理中心、物资回收中心和废物交换中心等中介机构，在广泛吸纳民间资本、发挥非营利性社会中介组织积极性作用的基础上，形成政府、企业、个人的合力，取长补短，共同促进循环经济的发展。

第二节 推进"生态文明"建设与构筑"美丽中国梦"

一、构筑"美丽中国"的生态内涵

"美丽中国"是党的十八大报告中的崭新名词，它出现在十八大报告第八部分"大力推进生态文明建设"的首段："建设生态文明，是关系人民福祉、关乎民族未来的长远大计。面对资源约束趋紧、环境污染严重、生态系统退化的严峻形势，必须树立尊重自然、顺应自然、保护自然的生态文明理念，把生态文明建设放在突出地位，融入经济建设、政治建设、文化建设、社会建设各方面和全过程，努力建设美丽中国，实现中华民族永续发展。"在党的重要文件当中出现这一富有情感色彩的描述性或者说评价性语言，这是前所未有的事情。从党的十六届三中全会我党明确提出科学发展观的概念以来，实现社会发展与资源环境相协调就成为中国特色社会主义发展中的重要课题。

---

① 薛晓源. 生态文明研究前沿报告 [M]. 上海：华东师范大学出版社，2007：211.

党的十七大在科学发展观的指导下，第一次将生态文明写入报告，并将建设资源节约型、环境友好型社会写入党章，建设生态文明被首次列入国家重要发展战略，成为全面建成小康社会的基本要求。"十二五"规划纲要又在此基础上进一步提出了"绿色发展"理念。这些都充分展示了党和政府对建设生态文明的高度重视。但是在党的重要文献中将建设生态文明独立成篇，并明确将其纳入中国特色社会主义总体布局还是第一次。十八大不仅将建设生态文明与人民福祉、民族未来、国家建设紧密联系在一起，更将生态文明置于实现社会整体文明的基础地位，向全党全国人民发出了建设美丽中国、努力走向社会主义生态文明新时代的伟大号召。"建设美丽中国，实现中华民族永续发展"，国家美丽、民族永续，十八大报告对国家和民族之未来这一饱含感情色彩的设想具有丰富的价值定位，因此引发了社会各界的共鸣。人们各抒己见，纷纷从不同角度来诠释"美丽中国"所包含的对未来中国社会发展模式、路径与前景的期许。

十八大以后，2012 年 11 月 29 日，党的新一届领导班子在国家博物馆参观《复兴之路》的陈列展览，习近平发表了重要讲话。他回顾和总结了近代以来中国人民为实现复兴走过的历史征程，并用追求"梦想"来描述这一伟大历程，强调实现中华民族伟大复兴是近代以来中华民族不懈追求的"中国梦"。他还用"长风破浪会有时"来描述中华民族光明的前景。习近平指出："我们比历史上任何时期都更接近中华民族伟大复兴的目标，比历史上任何时期都更有信心、有能力实现这个目标。"他号召全党在新的历史时期要更加紧密地团结全体中华儿女，承前启后、继往开来，努力把党建设好、把国家建设好，把民族发展好。经由中国国家最高领导人诠释的"中国梦"一时间跃入全世界的视野，同样也引起了来自各方的强烈反响。

关于"美丽"，中国人对其的理解强调的往往是主体内在特质的美好。无论是对人或对事物，以美丽来评价，都是表达人们发自内心的一种喜爱、认可、赞美和满足的情感。作为人们对自身发展的良好愿望，梦想都是美丽的。美丽中国是对中国梦的一种感性而全面的描述，如果说中国梦是对未来中国的设计和构想，那么美丽中国就是当梦想变成现实的时候呈现于世界面前的未来中国！一百多年前，梁启超的一篇《少年中国说》成为激励国人奋发图强的热血檄文。文中援引"少年"一词所指称的主体特征，对中国的未来发展寄予了深切期望。而当下，"美丽中国梦"则更像一种饱含深情的呼唤，一幅气势恢弘的盛世蓝图，勾画和承载了全体人民对国家强盛、民族兴旺、社会和谐、个人幸福的美好愿景与期盼。

二、构筑"美丽中国梦"是可持续发展之梦

发展问题是影响人类社会发展的重大问题，发展观表明了人们对未来经济社会发展的根本看法和态度，有什么样的发展观，就会有什么样的发展道路与之相适应，特别是以国家意志形式出现并作为指导思想和基本原则的发展观更是影响着这个国家或社会的发展方向和性质。面对日益严重的生态危机以及复杂多变的国际形势，中国要实现从一个发展中国家到全面建成小康社会的宏伟目标，缩小与发达国家之间的差距，就必须从改革开放之前所走的老路的束缚中解放出来，也必须超越西方工业文明社会发展模式的影响，走一条既反映时代问题、时代特点，又体现中国特色的新路。新路的提出和逐渐完善需要一种科学的发展理论的指导，科学发展观是适应这一形势和要求而产生的，它对于一个处于既有机遇又有挑战的发展中国家来说意义重大。生态文明以国家意志的形式被写进党的十七大报告中，这是落实科学发展观与构建和谐社会的重要体现。党的十八大强调，要着力推进绿色发展、循环发展、低碳发展，形成节约资源能源和保护环境的空间格局、产业结构、生产方式、生活方式。十八届三中全会从资源管理、环境管理、生态管理的视角创新人与自然之间的辩证关系。建设社会主义和谐社会，离不开科学发展观的指导。虽然我国在生态环境建设方面取得了一些成绩，但是总体形势依然严峻。要想真正解决生态问题，必须学会用发展的眼光、联系的观点看问题，以国家的生存为根本来对待人与自然之间的矛盾。生态文明是科学发展的必然结果，也是中国特色社会主义理论的时代内涵。

（一）全面协调、可持续发展与生态文明建设

马克思主义认为，未来理想社会是物质资料丰富、精神生活充实、人际关系和谐、人与自然和谐相处的社会。全面协调可持续发展的基本要求强调了人、自然、社会之间相互协调、共同发展关系，符合马克思主义关于人类社会发展的基本观点。全面发展是指发展的整体性，不仅包括经济发展，还要包括政治、文化、社会、生态等各方面的发展；协调发展是指各个方面发展的均衡性，生态文明建设不仅要与物质文明、政治文明、精神文明、社会文明相互协调、共同发展，生态系统内部也要实现协调发展；可持续发展是指发展的持续性，既要关注当前的发展，也要考虑未来的发展。全面协调可持续发展要求我们在处理地区之间、城乡之间、人与自然之间的关系时，在处理市场机制和宏观调控、消费和投资、国内发展和对外开放等关系时，努力实现经济、社会、自然之间的整体、均衡、持续发展。

1. 全面协调可持续发展对生态文明建设的指导作用

科学发展观的精神实质在于它的与时俱进，适应时代与社会需求而做出的深刻转变。传统发展模式中的经济、社会、生态相脱节的现象带来了经济增长、社会公平、环境保护之间的对立，科学发展观要求对生产模式进行变革，消除这些分离和对立现象。新发展模式强调经济、社会、生态的整体性，强调公平正义和未来发展，要求人们澄清把物质财富的增加等同于发展的错误观念。在我国半个多世纪的发展中，我们采用的是西方工业化国家曾经和现在仍然实施的发展模式，以大量的自然资源与环境代价换取短暂的经济增长。我国之所以现在面临严重的生态危机，与以前对这种发展模式的选择是脱不了干系的。现在，我们选择科学的生态化发展模式，表明我们的发展不是黑色的发展而应该是绿色发展，我们的崛起不是黑色的崛起而应该是绿色的崛起。如果不改变发展道路，那么我们反对西方一些学者鼓噪的所谓"中国威胁论"和"黄祸论"的任何言辞都将是苍白无力的。没有哪一个地球可以容纳下像中国这样一个黑色国家，所以，我们必须要实现工业与城市的生态化转向，使它们与自然环境相耦合，使发展与环

保"双赢"。

（1）把握好可持续消费与两型社会的关系。

相对于生产活动来说，消费似乎处于一个比较次要的地位，这种认识有失偏颇。消费对于人类社会的发展，特别是对我国节约型社会建设有着重要影响。在某种意义上，西方发达国家的发展其实是消费主义大行其道，不断扩张的结果。在传统发展模式中，经济增长占据着主导地位，而为了保持经济的持续增长，必然要对消费提出更高要求，必然要想方设法刺激消费者的消费欲望。这样，人们考虑经济的发展不是从生产的可能性方面，而是从如何刺激消费需求方面，因此，对人们的消费需求和行为的刺激就成为促进经济发展的重要手段。从现代化的经济体系来讲，生产者要想实现利润的最大化，就要实现消费者效用的最大化，而这些都离不开消费需求这个经济发展的动力基础的保障。新产品在进入人们的消费视野之后，人们的消费内容就会相应地发生改变，新产品就成为人们生活中不可或缺的一部分。随着经济的不断发展，传统意义上的"基本需求"范围在不断扩大，不断深化。

人类的生存离不开消费，而人们的消费行为对生态环境产生着直接或间接的影响。可以说，人们的消费活动每时每刻都存在，每个人、每个地方都在发生，是一种最普遍和最经常的行为。根据能量守恒定律，人们在进行消费活动时，也消耗着自然资源，污染着自然环境；虽然人们的消费体现出分散性特征，但这种分散行为的汇总后果却是大自然资源和环境的消耗，而正是这些看似零散的消费行为带来了严重的生态危机。受经济发展和不合理消费观念的引导，消费呈现出异化趋势。当人们不再为了生存而苦恼时，过度消费现象就会尾随而来，以至于社会上出现了以消费数量和方式来定位人的社会地位的情形。这时，人们追求的已经不是维持自身肉体需要的满足，而是变成了一种扭曲的精神满足，人们在"黄金宴"上吃的不是黄金，而是在吃虚荣心。生产力的快速发展使人们获得更加高级的产品和服务成为可能，但是也加速了自然资源的消耗速度与环境的污染程度。并且，高科技的发展加深了一些人的科学主义至上的信条，误以为只有人想不到的东西，没有科学技术办不到的事情，技术可以为生态危机找到最后和最好的出路，人们大可不必担心生态问题。当然，我们肯定这种科技乐观主义态度，它可以使人勇于面对困难和挑战，但是，它也使人们变得自私和盲目，反而在一定程度上不利于生态危机的解决。对传统消费模式的超越是科学发展的必然要求，也是生态文明建设的重要内容。我们正在致力于建设"两型社会"，而节约的源头首先体现在消费领域中人们消费行为的选择上，变传统的非持续性消费为可持续消费是实现"两型社会"的根本手段。所谓的可持续性消费，是指在人们的基本生存需求得到满足的前提下，在人们的生活水平和消费层次不断得到提高的前提下，适度控制人们对非必需品消费的需求；同时，适当提高非物质产品在人们消费中的比重，丰富人们的消费内容和消费方式。无论是资源节约型的消费，还是环境友好型的消费，都应该成为我们未来消费行为的首选。

（2）把握好全面协调可持续发展与生态文明实践建设的关系。

只有在深刻把握可持续发展本质的基础上，我们才能有的放矢，制定出切实有效的可持续发展措施。可持续发展的目的是为了使人类赖以生存和发展的自然界能够健康发展，更好地为人类服务，而生物多样性、生态功能区的大小是生态系统稳定的表现，人类生存条件完备的象征，也是人类社会得以生存和发展的物质基础。生物多样性是自然界生态系统复杂的表现，是系统中物质流、能量流、信息流转换强度和效率的表现。也就是说，当自然界中的物种越来越多，食物链组成越来越复杂的时候，任何外来的干扰都会被弱化。所以，人们就把生态系统的稳定性形容为物种多样性的函数。这个函数是生态系统的规律性表现，也是人类活动必须要遵循的。而自然界生态功能区的大小也反映着人类活动对自然生态系统干扰的大小，它们之间是一种负相关的关系。但是，无论是生物多样性，还是生态功能区，它们在人口和经济活动的双重压力下，正在日益萎缩，成为威胁人类社会持续发展的重大问题。要想把这种威胁降低，有必要在环境保护方面采取全球性的合作与行动。可持续发展举措的制定和实施反映着对其本质的深刻理解和把握。当然，我们一方面要加强对濒危动植物、原始森林、自然湿地的保护；另一方面要加强对人工森林覆盖率、人工湿地覆盖率的重视，两手抓，两手都要硬，避免一手软、一手硬的情况发生。我们要保护濒危物种，但最根本的是要保护濒危物种的生存环境不被破坏。也就是说，要保护人类自身的生存环境的健康发展。大熊猫是珍稀动物，保护大熊猫不应把它放在温室里面，而应保护它们的栖息地。我们可以人工培育一些环境，但更根本的是人类在生产活动中对天然生态环境的珍惜。这一点大家都清楚，人工化的生态系统是不能够与天然生态系统相比的，也无法达到天然生态系统的功能。

在分析可持续发展时，我们特别要注意两个概念：需要和限制。"需要"指涉的是"现在"维度，是指对解决现实生活问题的紧迫性，特别是落后国家贫困人民的基本需要。可持续发展要求优先考虑发展中国家人们的基本生存需求，如衣食住行等。人们的基本需求不但要满足，而且还要有一定程度的提高。"一个充满贫困的不平等的世界将易发生生态和企图的危机。可持续的发展要求满足全体人民的基本需求和给全体人民机会以满足他们要求较好生活的愿望。""限制"指涉的是"未来"的维度，是指对技术和利益集团在利用自然环境来满足当前和未来需要时进行限制的做法。但是，限制的效果与影响力取决于人们是否以一种新的伦理思想作为行动指南。我们在增强物质基础、科学基础、技术基础的同时，也要指引人类心理的新价值观和人道主义愿望的形成。因为无论是知识还是仁慈，它们都是人类"永恒的真理"，是人性的基础。生态文明建设、可持续社会的发展离不开新的社会道德观念，科学观念和生态观念的影响，而这些思想观念的产生却是由未来人的新生活条件所决定的。也就是说，忽视了同代之间的公正性，不是社会可持续发展的本义；丢掉了未来社会的代际公平，也不是社会可持续发展的正确选择。

（3）把握好全面协调可持续发展与生态文明制度建设的关系。

生态文明建设、社会可持续发展，既依靠人们对自然界所秉持的理念和行为原则的革新，以可持续发展理念为指导，以人、社会、自然之间的法律关系为内容，着力于人与人、人与自然之间关系的规范和调整，使制度也迈向"生态化"。

　　全面协调可持续发展的制度建设应该坚持以下几个原则：

　　第一，要坚持"自然生态系统"权益不容践踏的原则。传统法律及制度建设的目的是为了维护自然人、法人与国家的权益，而可持续发展的制度化建设则把"自然生态系统"人格化，赋予它以权益，尊重并且承认这种权益，把权益的主体扩大到了人之外的自然万物。

　　第二，要坚持代际平等的原则。在满足当代人的生存和发展需求时，社会的生产与生活方式不应该危及后代人的生存和发展。国家应建立起维护代际平等的相应法律及其制度，包括对自然资源环境的拥有与使用的权利。我们不能够因为后代人所具有的虚无性特征，就置人类社会的可持续发展于不顾。选择那些可以为后代人谋利的个人及团体为代表，参与国家和地方相关政策的决策和实施是可行的解决方法。

　　第三，要坚持预先性原则。"事后诸葛亮"的做法尽管有利于经验与教训的总结，但是相对于环境问题来讲，却失去了它的积极意义。特别是对于影响比较大的工程项目规划及新产品推广更要注意，因为很多事情一旦发生，其损失是无法估计也无法挽回的，比如对生态系统的破坏就是如此。所以，我们应该学会"事前"调整，采取保全措施，中止可能的侵害行为，尽可能把不好的苗头消灭在萌芽状态。

　　第四，要坚持环境权的原则。环境权思想是指作为生态环境法律关系的主体，既享有健康和良好生活环境的权利，也享有合理利用自然资源的权利。"生态环境权所保护的范围包括各主体的健康权、优美环境享受权、日照权、安宁权、清洁空气权、清洁水权、观赏权等，还包括环境管理权、环境监督权、环境改善权等；权利主体包括个人、法人、团体、国家、全人类（包括尚未出生的后代人）；权利客体则包括自然环境要素（空气、水、阳光等）、人文环境要素（生活居住区环境等）、地球生态系统要素（臭氧层、湿地、水源地、森林、其他生命物种种群栖息地等）。"

　　可持续发展应该包括对全球性可持续发展的维护。在发展经济时，人们应该尽量避免由于科技和经济实力的差异带来的不公平的"生态殖民"现象，避免一些国家把其生产与贸易的外部性环境影响转嫁到他国的做法，避免大气、地下水等资源在使用上的"公有地悲剧"的发生，也避免对非再生资源的掠夺与毁灭性使用的代际不公平现象的发生。作为地球上的每一个国家，都应该享有全球性生态利益。作为最大的发展中国家，中国在面对影响全球生态环境问题时，丝毫没有退缩或避让，而是勇于担起责任，在维护地球生态和人类整体利益方面，发挥着重要作用。

2. 生态文明建设促进经济社会的全面协调可持续发展

生态文明重视人与自然关系和谐发展的重要性，特别指出了人的主观能动性的充分发挥在其中所起的作用。生态文明理念中的和谐是一种主动和谐，而不是被动和谐；是一种进取式的和谐而不是顺从式的和谐。在人的主观能动性的正确发挥中，实现着人类社会与自然之间的统一。人类与自然之间是一种相互依存的关系，人类的发展离不开自然，自然的发展也离不开人类。只有正确发挥人的主观能动性，才能够推进社会的发展，也才能推动自然的发展，人类的发展和自然的发展相互包含。对社会而言，以生态文明理念为指导的可持续发展，不但是经济的发展，更是作为整体的社会的综合发展；对自然而言，以生态文明理念为指导的可持续发展，不但要求自然资源的增加，更要求作为整体的自然生态系统的良性循环。

可持续发展应该以生态文明的伦理观为指导。把推动社会发展的关键局限于科学技术方面是狭隘的科技至上主义表现，工业文明虽然带来了社会的巨大进步，但也严重破坏了自然生态环境。科技革命的发展，信息技术的进步，非但不能拯救天空、大地、海洋于化学毒素污染的泥潭之中，反而有变本加厉的趋势；非但不能保护生物的多样性，反而在毁灭着地球上的一切生命，甚至是人类和人类文明自身。科学技术只是人们认识和改造自然的手段，人们在运用科学技术改善生态环境、加强物质建设的同时，更需要新的指导思想来指导人们的行动。生态文明的伦理精神在树立人们的生态意识与生态道德，舍弃非生态化的生活方式，推进绿色消费方面发挥着重要作用。美国前副总统戈尔认为，生态危机实际上是工业文明与生态系统之间的冲突，是人类道德危机严重性的表现。人类是自然界发展的产物，包括人的生产、生活在内，都离不开自然。可持续发展体现着自然资本、物质资本、人力资本的有机统一，其中，自然资本能否持续发展是可持续发展的物质基础和前提条件，离开了自然资本的持续发展，其他两个资本的发展都无从谈起。

生态文明是人类社会发展到一定历史阶段的产物，是社会进步的结果，人类文明发展的新表现，也是可持续发展的精神支柱。生态文明建设要求人们更加重视自然，同时形成生态化的伦理思想，对人类的行为进行一定约束。解决生态问题需要新的生态文明观的指导，这是可持续发展的关键之所在。特别是对发展中国家来说，更要关注生态环境，避免走西方国家的传统工业化模式的老路，绝对不可先污染，再治理。

（二）可持续发展与"美丽中国梦"

党的十八大将生态文明建设作为推进经济社会可持续发展的基础和前提，强调将其贯穿于经济社会建设的全过程及各个环节。而中国梦则是将这一思路进一步具象化生动化，使之成为全民族、全社会共同追求的目标。可以说，中国梦是在总结前一阶段实践成就、分析存在问题的基础上提出的下一阶段的行动规划和实施方案。在此意义上，全面深刻认识和理解中国梦必须立足国情、世情，把握好"可持续性"与"发展"两个维度：可持续是发展的根本目的，而只有实现全面稳健的发展才能为可持续提供坚实支撑，两者统一于"中国梦"。

所谓全面稳健发展，既是指保持不断发展的总体态势，也是指稳步健康发展。发展是硬道理。没有发展就没有社会的进步与人类的幸福。正如《中国 21 世纪议程——中国 21 世纪人口、环境与发展白皮书》中所指出的那样："对于像中国这样的发展中国家，可持续发展的前提是发展。为满足全体人民的基本需求和日益增长的物质文化需要，必须保持较快的经济增长速度，并逐步改善发展的质量，这是满足目前和将来中国人民需要和增强综合国力的一个主要途径。只有当经济增长率达到和保持一定的水平，才有可能不断消除贫困，人民的生活水平才会逐步提高，并且提供必要的能力和条件，支持可持续发展。"习近平在博鳌亚洲论坛 2013 年年会上发表演讲时指出："我们的奋斗目标是，到 2020 年国内生产总值和城乡居民人均收入在 2010 年的基础上翻一番，全面建成小康社会；到本世纪中叶建成富强民主文明和谐的社会主义现代化国家，实现中华民族伟大复兴的中国梦。"可见，实现中华民族伟大复兴的"中国梦"，必须建立在国家社会长足发展的基础上。所谓长足发展，简单地说就是长期保持稳健强劲的发展态势。中国是最大的发展中国家，经过 30 多年改革开放，国家经济、社会发展取得了辉煌成就，人民生活水平也得到了较大提高，但是所付出的环境代价也巨大的。当前我们正处于工业化、城镇化和农业现代化加快发展、全面建成小康社会的关键阶段，随着人口、资源、环境等生产要素越来越难以支撑我国经济社会可持续发展的需要，长期以来过分依赖要素投入的经济增长模式必须向提高全要素生产率转变，即通过技术进步、改善体制和管理以更有效地配置资源，提高各种要素的使用效率，从而为经济增长和社会发展提供持久不衰的动力源泉。

实现社会与人在物质与精神层面的全面进步与可持续发展是中国梦的根本追求，但它必须建立在资源的可持续利用和良好的生态环境基础上。因此我们必须处理好发展与保护的关系，坚持在发展中保护，在保护中发展，以发展支撑保护。具体到中国梦的实现来说，就是必须坚持在发展的过程中不断推动科技进步，使科技更好地发挥其因势利导的作用；在发展的过程中不断转换思维方式，加快经济发展方式变革；在发展的过程中不断强化国家社会管理功能，推进和完善生态立法与监督；在发展的过程中不断提高人们的思想素质，促进生活方式的环保化、健康化。唯其如此，才能实现发展的可持续性，同时确保生态安全。

以发展促环保的思路是实现我国可持续发展的必然选择，但关键在于如何才能确保发展与环保相协调。回顾和分析我国社会主义建设过程当中出现的发展与环保不协调甚至相对抗的现象，我们从中能够发现一些带有根本性的问题。其一，发展观念方面存在的问题。中华人民共和国成立以后，在特殊的国内外形势逼迫下，我们不得不采取相对封闭的发展思路，在坚持独立自主、自力更生的同时过分夸大了人的主观能动性的作用，而对于社会主义本质及发展阶段等问题的认识不清又滋生了急于求成思想。改革开放以后，为了尽快夺回政治运动造成的经济社会发展损失，国家把工作重点以以阶级斗争为中心调整到以经济建设为中心，这本身当然是正确的，但一切工作都围绕这个中心，服务于这个中心，就导致了唯 GDP 至上的情形的出现，其结果必然是社会结构的整体失衡，并进一步引发了整个社会发展观念上的利益导向，使得人们忽视甚至无视环保问题。在有利于 GDP 增长的急功近利的价值观念指导之下，包括环境在内的社会生活的许多方面都付出了沉重的代价。其二，发展方式方面的问题。观念决定方式的选择。中华人民共和国成立以后，为了能够在千疮百孔、一穷二白的基础上加快建设新国家，发展社会主义事业，我们一方面极尽地力，深度发掘可利用的自然资源和生态资源；另一方面由于相对落后的生产技术与生产方式，加之制度缺位、管理不力，结果不仅造成大量人、财、物力的浪费，而且还制造了大量的环境污染，导致许多地方生态环境的严重破坏。改革开放以后，我国开始探索建立社会主义市场经济体制，同时加快转变经济发展方式，但是在缺乏先例可循、市场调节机制尚不完善、社会法治尚不健全的情况下，经济发展造成的环境侵害现象仍然屡禁不止。

三、"生态文明"建设与"美丽中国"建设

（一）生态文明与美丽中国梦的实现

党的十八大报告论述推进生态文明，明确提出建设美丽中国，为中国未来描绘了让人民期待的画面。这个新的提法，是党中央提出新的奋斗目标，并写进了新修改党章，这既指出了生态文明建设的方向，又描绘了人民群众直接感受到殷切期盼的图景。努力建设美丽中国，实现中华民族的复兴，才能实现中华民族的发展梦、强国梦和富民梦。

党的十八大报告中特别强调："把生态文明建设放在突出地位，融入经济建设、政治建设、文化建设、社会建设各方面和全过程。"

改善生态环境是建设美丽中国，同心共筑中国梦的重要任务。而提升生态文明意识，推进生态文明进程的重中之重，只要我们共同努力，美丽中国梦就一定会实现。

十八大提出的生态文明建设与经济建设、政治建设、文化建设、社会建设并列，由过去提法"四位一体"提升到"五位一体"，过去为 GDP 增长，以牺牲环保为代价的做法，不能再继续下去了，推进生态文明建设，是关系人民福祉，关乎民族未来的长远大计和永续发展。生态文明建设纳入国家战略，是整个文明形态的递进和丰富，生态文明建设与其他建设一样，是着眼于全面建成小康社会，实现社会主义现代化和中华民族伟大复兴的有力保证。

1. 生态文明建设是中华民族实现伟大复兴的重要内涵

当今时代生态文明建设是我们社会化文化经济发展的核心内容。并且是建立我国特色社会主义全面小康社会的关键因素。面对当今的时代发展，我国经济文化发展普遍面临着多种目标，诸如经济发展、文化进步、生态文明建设等。但是生态文明建设是我国经济文化发展的基础，是改善我们生存环境的必经之路。随着改革开发的深入发展以及经济水平的不断提升，在人们生活水平以及经济实力提升的同时，人与自然环境、资源之间的矛盾日益深化，最显著的现状是经济发展给自然环境以及自然资源带来的污染和破坏。这些不利因素影响了我国社会主义经济发展进程。单独从我国经济增长的数据上来看，我国经济增长速度是相对明显的，这体现了我国的发展实力以及发展潜力，但是在发展的同时环境污染、资源浪费问题同样不能忽视，高速发展的背后是环境的担忧以及资源的浪费。高速发展已经超出了自然环境可以承受的程度，众多数据表明，我国在不可再生能源、土地资源等方面存在着严重的污染和浪费，突出表现在水、煤炭等其他不可再生资源上。环境的污染以及能源的匮乏已经严重影响了我国经济文化的健康发展。根据相关资料表明，当前缺少水资源以及环境污染问题是困扰我国当前社会发展与进步的首要问题，这些问题的突出表现是我国在面对市场竞争以及国际竞争中呈现的劣势。同时这不单单是我国目前遇到的问题，所有发展中国家都面临着水资源质量与存量之间的问题，这已经成为发展中国家进步与发展的瓶颈。

综上所述，要想实现人类社会的健康发展、人与自然的和谐共存，只有建立正确的生态文明价值观，坚持科学的发展观才能解决人与自然之间的矛盾。同时，我们需要明确的是社会的稳定发展与民族的长久共存的基础是建立在可持续发展价值观上的。社会的长久进步以及可持续发展是建立在不断提高的人们生活水平基础上的。但是人的生活水平以及消费能力是随着社会发展而不断变化的。从目前现状来看，人们的生活期许与追求已经不仅仅满足于物质文化上的需求了，更多的是对自然环境的需求，以及对良好的生态环境上的追求，这是人类生存与发展必然要面对的问题，同时也是社会化发展的必经之路。

生态文明建设体现在社会发展的多个领域，良好的生态环境有助于政治、经济、文化等方面的发展和提升，人与自然和谐发展体现在这些领域的多个层面上，这要求我们在社会发展中的生产结构方式、生活方式等坚持正确的生态文明价值观，以优秀的价值观导向来进行我们的生产生活，只有这样才能促进我们的经济文化增长。现代社会经济文化增长需要建立在可持续发展的战略基础上，需要坚持循环经济发展模式，站在科学的角度适应社会的发展，这种经济增长模式同时也是社会发展以及人类需求不断进步的必然产物。而且循环经济发展模式也有着很多的优势，比如它的低耗高效的运作方式、资源再利用的管理模式等都对我们生态文明建设有着促进作用，同时循环经济发展模式的出现符合可持续发展的历史规律，它在一定程度上解决了社会发展与自然环境之间的矛盾和问题，是社会发展的进步。

2. 推进生态文明建设，才能美梦成真

追寻现代美丽中国，是中国梦，也是人民的梦，中国梦不只是富裕梦，更应是一个幸福梦。推进生态文明，建设美丽中国，要想美梦成真，需要在以下几个方面多加努力。

一是要有山清水秀的自然之美，神州大地，山川相连，蓝天白云，在希望的田野上，麦浪铺金，稻花飘香，梯田层层绿，歌声阵阵传，呈现一片美好农家乐土，要使大好河山青翠壮美，必须加大生态保护力度，提高生态治理水平。

二要有宜居环境之美，随着社会主义事业发展，小康社会的逐步建成，中国必走加大城镇化建设之路，人们都希望自己的生活空间宜居、舒适度高，街道小区整洁，出行交通便捷，工厂不冒黑烟，污水不再横流，空气减少雾霾，商贸经营有序，食品清洁卫生，社会管理到位。因此，未来要做到优化国土空间格局，合理规划，科学发展，创新制度，增强环境意识，生态意识，摒弃环境污染，破坏生态的种种行为，给子孙后代留下天蓝、地绿、水净的美好家园。

三是要有人文素质的心灵之美，大力建设和谐社会，培养崇尚美德，学习雷锋精神，倡导帮困济贫，见义勇为，救死扶伤，大爱无疆，形成我为人人，人人为我，尊老爱幼，乐于奉献的社会风气，大力表彰宣扬那些舍己为人做好事先进典型，如最美工人农民，最美军人警察，最美教师学生，最美医生护士等英雄模范人物，把全社会的道德风气提高到新的水平。使中国成为富强民主、文明和谐、公平正义、平等自由、爱岗敬业、尊严生活、诚信友善，山清水秀，天蓝地绿的美丽国家，这样中国特色社会主义将会更加丰满立体，中国人民就会更加幸福，更加舒畅，更加美满。

3. 推进生态文明，建设美丽中国，是一个长期的系统工程

党中央提出推进生态文明，建设美丽中国，是个宏伟理想目标，是一个长期的系统工程，也是一个充满希望与艰辛的发展过程，其内涵丰富多彩，并将随着社会实践的发展而发展。"美丽中国"将成为新时期中国的一个分水岭。实干兴邦，不能"坐享其成"，必须不懈努力，长期奋斗，我们必须从自己做起，从现在做起，把我们所居社区建设成美丽社区，把我们所在城市建设成美丽城市，在全国人民的共同奋斗下，最终建成美丽大中国。

有梦想就有希望，有梦想就是动力，我们满怀信心，走好中国道路，尽管梦之旅，不是一帆风顺、一路坦途，相信在党中央领导下，弘扬中国精神，凝聚中国力量，全国人民心往一处想，劲往一处使，美丽中国之梦，一定能够实现。

（二）推进生态文明建设，实现美丽中国梦面临的形势

自1978年改革开放以来，我国经过三十多年的持续快速发展，资

源约束趋紧、环境污染严重、生态系统退化等问题，已经对我国提出了新的挑战。目前我国所面临的形势不容乐观。一方面，生态文明理念初步深入人心，但民众大都仅从爱护环境、不乱扔垃圾、节约水电等基本行为习惯入手，并没有形成全国性的、全民性的、高层次的具有体系的普及效果的生态文明行为习惯。例如，爱护环境，不仅是不乱践踏草坪，更要人人为减排减污多做实事，购买经济型轿车、绿色出行、多实用可循环环保的袋子、拒绝一次性餐具等。因为当理念与便捷、舒适冲突时，人们这时的选择才尤为珍贵。另一方面，生态产业链的做强做大，不仅仅是典型产业的标杆作用，而要真正实施，需要政府、社会、公民齐心协力。政府的政策导向与监督制裁，社会的用心倡导与具体落实，公民的自觉遵守与宣传普及都是一个系统工程。包括发展生态经济，促进循环经济产业项目的实施，节能技术的推广。目前我国经济建设转型还存在一定困难，企业转型正在逐步推进，日趋严重的雾霾天气急需改善，生态产业链的打造需要全方位的转型与全社会的配合。而打破这一瓶颈的制约，就要大力推进生态文明建设。

第三节　现代化视域下生态文明实现的基础条件

中国特色社会主义制度为我国生态文明建设起到了至关重要的促进作用。共产主义事业上的一些优秀思想家针对共产主义与资本主义的对比和分析，提出了宝贵意见和理论依据，资本主义由于其固有特质，这种将生产资料私有制的体系本身就会造成资源的浪费和环境的破坏，但是社会主义在生产模式上是以生产资料公有制为基础的，这种模式符合社会化发展对自然和环境的保护，这是建立在可持续发展的基础上的，而非资本主义盲目的扩张式增长。与此同时，社会主义提倡人和自然和谐相处、相辅相成，这是社会主义国家发展与进步的前提条件和稳定基础。所以说我们在生态文明建设方面有着十足的先天条件和理论基础，而且最值得骄傲的是我们在社会主义革命中所取得的优良传统以及革命作风等，都将是我们在生态文明建设进程中的强有力的武器。在这场没有硝烟的战役中，我们要积极发挥社会主义优良的思想传统，用我们的意志力和决心身体力行，切实打好这场保卫环境的战役。

一、生态文明是党和国家发展的重心

(一) 生态文明建设中可持续发展的重要意义

1983 年，针对环境保护的立案和法规第一次在全国环保会议上被制定，这在一定程度上明确了环境保护对于我国特色社会主义发展的重要意义，环境保护这一历史性变革从此被写进了我国发展的基本国策中。

随着社会经济的不断发展，人们的生活水平不断提高，但是同时也面临着资源枯竭以及环境破坏的历史问题。结合我国社会经济发展的现状，党和国家提出生态文明与人类生存和谐发展、共生共存的主体思想，主题思想的提出对提高人们生态文明价值观有很大的促进作用。同时伴随着科技的进步与发展，在生态文明建设和可持续发展战略上也提供了强有力的理论基础和理论依据，为我国生态文明建设、节能减排以及可持续发展提供了帮助。

(二) 生态文明建设的理论依据

随着我国深化改革的进程，党和国家多次提出生态文明建设的重要意义，并且确定了生态文明建设对全面实现小康社会的重要意义，这在很大程度上促进了我国生态文明建设的发展，也给生态文明建设的顺利推进提供了理论基础。在这个基础上，我国社会主义现代化建设章程中也明确了生态文明建设的历史意义和重要性，并且以建立生态文明建设为总体目标，借以实现经济、文明、生态的全面发展和进步。这是我们党和国家以及每一个人民群众的总目标和理想，同时也体现了我们势必要建立生态与经济和谐发展的重要决心。随着社会化发展和深化改革的推进，党和国家提出了一系列理论依据，如"建立系统完整的生态文明制度体系""用制度保护生态环境"等，这些理论依据的提出很大程度上给我国生态文明建设指明了前进的方向，同时也明确了生态文明建设对于我国经济发展的重要性。

（三）生态文明建设的长足进展

　　面对新的市场机遇，我们国家在生态文明建设以及环境保护上面制定了一系列方案方法，这些方案方法的制定在一定程度上加速了我国的生态文明建设，而且给我们的社会化经济发展指明了前进的方向。首先，党的方针政策中明确指出建立生态文明是我国社会化发展的重中之重。针对目前生态现状，党和国家首次将建立生态文明建设的总体规划纳入了我国特色社会主义总体发展的布局之中，突出体现了生态文明建设对于我国社会化发展的重要地位，这一重要规划同时也在其他领域发挥着作用，比如经济建设、文化社会建设等。在生态文明建设过程中，我们提出了以"建设美丽中国，实现中华民族永续发展"为核心的主体目标。另外，在国家制定的总体规划中，我们不仅要按照规划坚决执行，同时我们还要树立和提升我们的生态文明价值观，随着社会经济文化的高速发展，我们在生态文化价值观上已经越来越明确了人与自然之间的关系，以及人与自然和谐发展的重要意义，并且从内心上树立以生态文明建设为核心的目标感。国家政策的导向应该是满足人们群众的总体需求，随着改革开发的总体进程，人民群众对于生态健康的需求与日俱增，并且已经成为人民群众的主要需求，为此，党和国家领导人提出，加强生态化文明建设和保护，不仅仅是我们要面对的经济问题，更多的是体现在政治方面。随之，我们按照实践经验以及经验总结明确了生态环境与社会发展之间的利弊关系，以及表明了为了社会化经济文明发展我们要建立生态文明和保护环境的决心。党的十八大以来，党和国家为了保证生态文明建设正常的推进和实施，建立了一系列的法律法规来切实保护我们治理的成果，只有建立严格的生态文明建设法则，才能从根本上保护深化改革的成果，才能促进我国生态文明建设的有利发展。

二、生态文明建设的实践基础

（一）法律法规的制定

当前我们基本形成了包括《环境保护法》在内的生态文明基本法律体系。2013 年以来，相继修改和出台了《水污染防治法》《大气污染防治法》《土壤环境保护和污染治理行动计划》等法律制度；2015 年 1 月，《环境保护法》历经 3 年多时间的修订，正式实施；我们进一步完善排污许可证、排污权交易、环境公益诉讼等各项制度。

（二）生态文明建设试点工作展开

在生态文明建设中我们进行了很多的试点工作，从政府角度而言，我国很多政府机构如国家发改委、国土资源部等机构共同推出了"生态文明现行示范区建设"，以及其他试点项目，这些试点项目在很大程度上给生态文明建设工作提供了宝贵的经验和科学理论依据，为生态文明建设作出了巨大而长远的贡献。同时在其他地区也随之开展了很多针对生态文明建设的试点工作。

在保护环境以及综合治理方面我们也开展了很多试点工作。2005 年 10 月和 2007 年 12 月期间我国政府多个单位先后组织了两批环境与经济协同发展的试点工作，并且在 2011 年与 2013 年期间又组织了两批国家试点工作，随着这几次试点工作的顺利展开，我国在环境保护领域的国家示范基地与示范园区的范围进一步扩大了。2013 年 1 月，国务院发布《循环经济发展战略及行动计划》（以下简称计划），该计划从本质上为我国生态文明建设以及构建可持续发展战略指明了方向。计划书出台在构建生态和谐发展以及可持续发展方面做出了科学依据和理论基础，并且从实践上为加快生态文明建设提供了有利帮助。

（三）环保经济出现成效

环保经济的核心目标是构建可持续发展的经济战略，环保不仅仅意味着对环境的保护和治理，同时还意味着资源的合理利用，为此国家成立了专项治理工作小组，为了节能减排、环境治理提出了相应的战略部署和指导意见，从实际角度制定了可实行的战略政策。新的发展、新的转型意味着我们要从根本上进行科学转型和技术创新，随着一系列的治理和改善，我国有众多企业在技术创新方面达到了国家提出的要求，越来越多新资源开发领域的优秀工作者不断涌现，我国在新能源开发方面取得了长足的进展，并且在世界领域都能名列前茅，这是对于我们工作的肯定，我们相信，随着科技的进步以及科研人员的不断努力，我国环保型新经济将会空前繁荣。

三、社会角度来看待生态文明发展

生态文明建设需要人们的支持与帮助。人们只有从思想上和实际行动上坚持以保护生态文明为基础，从自身做起建立良好的行为习惯，在生态文明建设中积极发挥自身的优势和力量，把生态文明建设视为己任，只有做到这种才能从根本上建立良好的生态文明建设，但是从目前我国现状来看，人们的生态文明意识普遍不高，在生态文明建设上也缺乏自主力和行动力。随着社会经济的不断发展，生态危机已经越来越显著，面对这种现状我们国家加大了在保护生态环境方面的宣传力度，宣传效果是显而易见的，现在我国的国民在保护生态环境意识上正在不断加强，我们相信随着人们的意识不断提高、保护生态环境的志愿者不断增多，未来我们的生态文明建设进展将会越来越快，越来越好。

（一）不断发展提升的公众环境意识

生态环境的改善和保护离不开公众环境意识的提升。伴随着人类社会经济的发展与进步以及人们的思想认识的提高，保护生态环境的意识一点点被人们唤醒，公众环境意识不断提高也预示着我国生态文明建设进展取得了长足的进步。

（二）生态文明建设离不开公众的身体力行

生态文明建设需要所有公众发挥自己的优势和力量，越来越多的公众在生态文明建设上提出了自己的理论与观点，这些都有助于加快生态文明建设，生态文明建设从本质上离不开政府、团体以及公民等其他组织的通力配合和相互合作。

第四节　中国特色生态现代化：
我国社会主义生态文明建设的现实路径

一、社会主义生态文明理论是中国特色生态现代化的理论基础

马克思主义是社会主义建设的指导思想，是中国特色社会主义建设的指导思想。在 21 世纪乃至更长的历史阶段，中国特色生态现代化建设是中国特色社会主义建设的重要组成部分乃至主导，那么社会主义生态文明理论就必然成为指导中国特色生态现代化建设的理论基础。其实，社会主义生态文明理论的形成和发展正是现实的生态现代化建设所提出的理论要求，理论一经形成，就将在相对普遍和宏观的意义上指导实践，并在实践中不断修正、充实、完善理论。

社会主义生态文明理论以科学发展、和谐发展为宗旨，为此形成了全面、协调、可持续的科学发展观。

科学发展、和谐发展与人口、资源、环境问题有着密切的关联。正是传统发展模式的不科学才引发了人口、资源、环境问题以及人与自然关系的不和谐，因此要实现科学发展、和谐发展，就必须着力解决人口、资源、环境问题，或者说，科学发展、和谐发展应该是致力于资源节约、环境保护、人口控制和人口素质提高的发展。20 世纪 90 年代以来，人口、资源、环境问题对我国经济社会发展的制约影响日渐凸显，中国共产党立足于我国社会主义初级阶段的基本国情，站在人类社会发展新的历史高度，提出了可持续发展的重大战略，要求正确处理经济发展与人口、资源、环境的关系，把控制人口、节约资源、保护环境放到社会主义现代化建设的重要位置，使人口增长与社会生产力发展相适应，使经济建设与资源、环境相协调，努力实现经济社会和人口、资源、环境协调发展，促进人与自然的和谐共荣。为此，必须从根本上转变经济增长方式，"如果不从根本上转变经济增长方

式，能源资源将难以为继，生态环境将不堪重负。那样，我们不仅无法向人民交代，也无法向历史、向子孙后代交代"。① 同时，经济社会发展"不仅要看经济增长指标，还要看人文指标、资源指标、环境指标。为了实现我国经济社会持续发展，为了中华民族的子孙后代始终拥有生存和发展的良好条件，我们一定要高度重视并切实解决经济增长方式转变的问题，按照可持续发展的要求，正确处理经济发展同人口、资源、环境的关系，促进人和自然的协调与和谐，努力开创生产发展、生活富裕、生态良好的文明发展道路"②。

同时，为了增强可持续发展能力，党和政府提出了节约资源和保护环境的基本国策，努力构建资源节约型和环境友好型社会。"发展循环经济，是建设资源节约型、环境友好型社会和实现可持续发展的重要途径。"③ "必须把建设资源节约型、环境友好型社会放在工业化、现代化发展战略的突出位置，落实到每个单位、每个家庭。要完善有利于节约能源资源和保护生态环境的法律和政策，加快形成可持续发展体制机制。落实节能减排工作责任制。开发和推广节约、替代、循环利用和治理污染的先进适用技术，发展清洁能源和可再生能源，保护土地和水资源，建设科学合理的能源资源利用体系，提高能源资源利用效率。发展环保产业，加大节能环保投入，重点加强水、大气、土壤等污染防治，改善城乡人居环境。加强水利、林业、草原建设，加强荒漠化石漠化治理，促进生态修复。加强应对气候变化能力建设，为保护全球气候作出新贡献。"④ 党的十七大进一步提出了建设生态文明的战略任务，"建设生态文明，实质上就是要建设以资源环境承载力为基础、以自然规律为准则、以可持续发展为目标的资源节约型、

---

① 中共中央文献研究室. 十六大以来重要文献选编（中）［M］. 北京：中央文献出版社，2006：313.

② 江泽民. 江泽民文选：第3卷［M］. 北京：人民出版社，2006：462.

③ 中共中央文献研究室. 十六大以来重要文献选编（中）［M］. 北京：中央文献出版社，2006：1072.

④ 胡锦涛. 高举中国特色社会主义伟大旗帜，为夺取全面建设小康社会新胜利而奋斗——在中国共产党第十七次全国代表大会上的报告［M］. 北京：人民出版社，2007：24.

环境友好型社会"①。其基本要求是，"建设生态文明，基本形成节约能源资源和保护生态环境的产业结构、增长方式、消费模式。循环经济形成较大规模，可再生能源比重显著上升。主要污染物排放得到有效控制，生态环境质量明显改善。生态文明观念在全社会牢固树立"②。十八大则在指出了生态文明建设的现实背景和重要性的前提下，从宏观战略目标、中观政策方针、微观战略措施等方面对我国生态文明建设进行了系统部署，提出了建设美丽中国、实现中华民族永续发展、走向社会主义生态文明新时代的奋斗目标。建设生态文明，是一个综合性的概念和战略，它不仅旨在解决人口、资源、环境问题，更昭示着人类社会永续发展的新的理念、新的模式、新的标尺、新的前景。

在生态的意义上，"发展"是转变发展方式、实施可持续发展战略、注重人与自然和谐的发展；是让人民群众喝上干净的水，呼吸到清洁的空气，吃上放心的食品，在良好的生态环境中生产生活的发展；是协调经济发展与人口资源环境的关系、统筹人与自然关系的发展；是建设资源节约型和环境友好型社会的发展。中国特色生态现代化建设不是不要发展，而是要科学发展、和谐发展，以损害生态环境为代价，不能损害人民群众的公共环境利益，不能损害人类发展的可持续性生态基础。为此，中国特色生态现代化建设须以社会主义生态文明理论为理论基础和理论指导，既要把握住现代化的生态方向，又要发挥生态优势推动现代化发展，更要立足于中国的历史发展阶段和生态状况，不能走"先发展后治理"的老路，而是要以生态和谐为核心来革新理念、创新技术、优化制度、促进发展。③

中国特色生态现代化不是权宜之计，而是具有理论基础的长期宏观战略。理论来源于实践，服务于实践，中国特色生态现代化是将社

---

① 胡锦涛. 在新进中央委员会的委员、候补委员学习贯彻党的十七大精神研讨班上的讲话，2007。

② 胡锦涛. 高举中国特色社会主义伟大旗帜，为夺取全面建设小康社会新胜利而奋斗——在中国共产党第十七次全国代表大会上的报告［M］. 北京：人民出版社，2007：20.

③ 杜明娥，杨英姿. 生态文明与现代化建设模式研究［M］. 北京：人民出版社，2013：171.

会主义生态文明理论落实于社会主义生态文明建设实践的现实路径。

二、中国特色生态现代化是我国社会主义生态文明建设的现实路径

我国社会主义生态文明建设实践作为对社会主义生态文明理念的践行，需要切实可行的现实路径，这就是中国特色生态现代化。

首先，中国特色生态现代化通过人们认识的提高、现代科技的发展和现代化建设创造丰富的物质财富，为人类超越工业文明、实现全面发展打坚实的物质基础。生态文明是扬弃、超越工业文明的新的社会形态，它是在继承工业文明的优势、修正工业文明的偏差、去除工业文明的弊端的基础上逐步形成的，它既不能回到前现代社会而茹毛饮血，也不能只顾物质财富的生产积累和在少数人手中聚集。生态文明是摆脱了贫穷落后的现代社会，是注重财富公平分配、社会和人全面发展的后工业社会。正是在这个意义上，我国的社会主义生态文明建设不可能不要现代化建设，而必须通过现代化建设来实现。

其次，中国特色生态现代化通过创新生态技术、建立生态机制来保护、治理生态环境，应对、解决工业文明所造成的生态危机，达到改善、和谐人与自然关系的目的。以牺牲自然生态环境为代价的人类社会发展，不仅在理性方面是愚蠢的，而且在道义方面是不道德的，是不能称之为真正的发展和进步的。生态文明作为超越工业文明的新的社会形态，其突出特征就是要缓解以至最终解决工业社会造成的资源环境生态危机，解决人与自然之间紧张冲突的非生态关系。我国的社会主义生态文明建设不仅在价值追求上不能步资本主义工业文明的后尘，而且在现实发展中还要解决工业化、都市化、现代化过程中所产生的生态问题，这些需要在生态现代化建设过程中来实现。

再次，中国特色生态现代化通过维护广大人民群众的生态利益、因地制宜地处理不同地域的不同生态问题，体现出中国特色社会主义的特色。社会主义生态文明不仅要超越工业文明，还要超越资本主义，我国的社会主义生态文明建设既要避免第一次现代化和工业文明的负面生态效应，又要通过社会主义建设根除资本主义在本质上的反生态性，这是

身处全球性生态危机和全球性资本主义世界的历史责任。所以，我国的社会主义生态文明建设需要的生态现代化是中国特色的生态现代化，最终将人与人、人与自然之间根本性的冲突转化为非根本性的。

中国特色生态现代化包含着现代化、生态文明、中国特色三个缺一不可的内涵要素，并且不是这三个要素的简单相加，而是在世界历史背景下、在人类社会文明进程语境中的内在统一。现代化是人类社会进入现代社会的普遍特征和必然选择，生态文明是人类社会在现代发展中所进行的自我完善和自我提升的一个必然阶段，中国特色是在现代化和生态文明中所体现出来的具体性和特殊性，是中国特色的现代化，是中国特色的生态文明，现代化和生态文明的普遍性是在各具特色的特殊性中体现出来的，没有特殊性，普遍性也就无所依存。我国的社会主义生态文明建设作为人类社会发展的一个历史阶段，是普遍性与特殊性的统一，它得以实现的现实路径也必须是普遍性与特殊性的统一，在此，中国特色生态现代化能够成为我国社会主义生态文明建设的现实路径。此外，社会主义生态文明建设属于社会发展总体布局的层次，需要具体战略加以推进实施，中国特色生态现代化正是一种战略选择，是建设社会主义生态文明的现实路径。

三、中国特色生态现代化建设模式

生态文明是中国特色生态现代化建设的核心理念，中国将在社会主义生态文明理论指导下构建生态现代化建设模式，凭借其独具特色的生态现代化建设模式来实践社会主义生态文明理论，中国特色生态现代化建设模式是社会主义生态文明理念的具化。

中国特色生态现代化并不是一个既定的概念。回溯以往，我们用它来概括20世纪80年代以来与人口资源环境问题、生态环境保护、可持续发展等相关的中国选择和中国行动；着眼当下及未来发展，我们用它来指称我国社会主义生态文明建设的战略选择和战略措施。到目前为止，我们不能说中国特色生态现代化有了成熟的模式，但已经实行的一些战略可以说是这方面的探索，比如，实施可持续发展战略、构建"两型社会"、建设全国生态文明示范区、建设美丽中国等。

参考文献

［1］薛建明，仇桂且．生态文明与中国现代化转型研究［M］．北京：光明日报出版社，2014.

［2］李想．走向社会主义生态文明新时代——人与自然和谐共生［M］．吉林：吉林出版集团股份有限公司，2016.

［3］傅治平．天人合一的生命张力生态文明与人的发展［M］．北京：国家行政学院出版社，2016.

［4］李军．走向生态文明新时代的科学指南［M］．北京：中国人民大学出版社，2017.

［5］杜明娥，杨英姿．生态文明与现代化建设模式研究［M］．北京：人民出版社，2013.

［6］洪大用，马国栋．生态现代化与文明转型［M］．北京：中国人民大学出版社，2014.

［7］燕芳敏．现代视域下的生态文明建设研究［M］．济南：山东人民出版社，2016.

［8］江泽慧．生态文明时代的主流文化——中国生态文化体系研究总论［M］．北京：人民出版社，2013.

［9］黄正泉．文化生态学［M］．北京：中国社会科学出版社，2015.

［10］中共中央编译局．马克思恩格斯选集：第3卷［M］．北京：人民出版社，2012.

［11］甘绍平．应用伦理学前沿问题研究［M］．南昌：江西人民出版社，2007.

［12］亚里士多德著．尼各马科伦理学（下册）［M］．苗力田译．北京：中国人民大学出版社，2003.

［13］［法］亚历山大·基斯著．国际环境法［M］．张若思译．北京：法律出版社，2000．

［14］曹凑贵．生态学概论［M］．北京：高等教育出版社，2002．

［15］刘仁胜．生态马克思主义概论［M］．北京：中央编译出版社，2007．

［16］［英］戴维·佩珀著．生态社会主义：从深生态学到社会正义［M］．刘颖译．济南：山东大学出版社，2005．

［17］薛建明．生态文明与低碳经济社会［M］．合肥：合肥工业大学出版社，2012．

［18］［美］威廉．A．哈唯兰著．文化人类学［M］．张钰译．上海：上海社会科学出版社，2006．

［19］［德］恩斯特·卡西尔著．人文科学的逻辑［M］．关子尹译．上海：上海译文出版社，2004．

［20］司马云杰．文化社会学［M］．北京：中国社会科学出版社，2001．

［21］［德］卡西尔．人文科学的逻辑［M］．上海：上海译文出版社，2013．

［22］凌继尧．西方美学史［M］．北京：北京大学出版社，2004．

［23］叶小文．努力构建和谐社会呼吁共建和谐世界［M］．北京：宗教文化出版社，2006．

［24］孟悦，罗钢．物质文化读本［M］．北京：北京大学出版社，2008．

［25］［德］海德格尔著．通向语言的途中［M］．孙周兴译．北京：商务印书馆，2009．

［26］王岳川，胡淼森．文化战略［M］．上海：复旦大学出版社，2010．

［27］卢风．从现代文明到生态文明［M］．北京：中央编译出版社，2009．

［28］［美］尤金·哈格罗夫著．环境伦理学基础［M］．杨通进译．重庆：重庆出版社．2007．

［29］薛建明．"人—地"关系可持续的理性思考［J］．生产力研究，2007（11）．

［30］郇庆治，马丁·耶内克．生态现代化理论：回顾与展望［J］．马克思主义与现实，2010（1）．

［31］李彦文．生态现代化理论视角下的荷兰环境治理［D］．山东大学博士论文，2009．

［32］樊东黎．世界能源的现状和未来［J］．金属热处理，2011（10）．